U0179873

· Geometry ·

他依据这个方法首先在数学中把古人无法接近而今人又仅能期冀的真理从黑暗引入光明，然后给哲学奠定了不可动摇的基础，并且示范地指明了绝大部分真理都可以用数学的程序和确实性在这个基础上建立起来。

——斯宾诺莎

（荷兰著名哲学家，西方近代理性主义哲学代表人物之一）

笛卡儿……是他那时代最伟大的几何学家……想创造一个宇宙。他造出一个哲学，就像人们造出一部小说；一切似真，一切却非真。……笛卡儿比亚里士多德还危险，因为他显得更有理性。

——伏尔泰

（法国启蒙思想家）

入选全国中小学生阅读指导目录

科学元典丛书·学生版

*The Series of the Great Classics in Science*

主　　编　任定成

执行主编　周雁翎

策　　划　周雁翎

丛书主持　陈　静　张亚如

科学元典是科学史和人类文明史上划时代的丰碑，是人类文化的优秀遗产，是历经时间考验的不朽之作。它们不仅是伟大的科学创造的结晶，而且是科学精神、科学思想和科学方法的载体，具有永恒的意义和价值。

科学元典丛书·学生版

# 笛卡儿几何

·学生版·

（附阅读指导、数字课程、思考题、阅读笔记）

[法] 笛卡儿 著　袁向东 译

北京大学出版社

PEKING UNIVERSITY PRESS

**图书在版编目(CIP)数据**

笛卡儿几何：学生版/（法）笛卡儿著；袁向东译.—北京：
北京大学出版社，2021.4
（科学元典丛书）
ISBN 978-7-301-31949-9

Ⅰ.①笛… Ⅱ.①笛…②袁… Ⅲ.①解析几何—青少年读物
Ⅳ.①O182-49

中国版本图书馆 CIP 数据核字（2021）第 005120 号

| | | |
|---|---|---|
| 书　　　名 | 笛卡儿几何（学生版） | |
| | DIKAER JIHE(XUESHENG BAN) | |
| 著作责任者 | [法] 笛卡儿　著　袁向东　译 | |
| 丛 书 主 持 | 陈　静　张亚如 | |
| 责 任 编 辑 | 张亚如 | |
| 标 准 书 号 | ISBN 978-7-301-31949-9 | |
| 出 版 发 行 | 北京大学出版社 | |
| 地　　　址 | 北京市海淀区成府路 205 号　100871 | |
| 网　　　址 | http://www.pup.cn　新浪微博：@北京大学出版社 | |
| 微信公众号 | 通识书苑（微信号：sartspku） | |
| | 科学元典（微信号：kexueyuandian） | |
| 电 子 邮 箱 | 编辑部 jyzx@pup.cn　总编室 zpup@pup.cn | |
| 电　　　话 | 邮购部 010-62752015　发行部 010-62750672 | |
| | 编辑部 010-62753056 | |
| 印 刷 者 | 北京中科印刷有限公司 | |
| 经 销 者 | 新华书店 | |
| | 787 毫米×1092 毫米　32 开本　7.25 印张　100 千字 | |
| | 2021 年 4 月第 1 版　2024 年 7 月第 2 次印刷 | |
| 定　　　价 | 38.00 元 | |

# 弁　言

## Preface to the Series of the Great Classics in Science

任定成

中国科学院大学　教授

## 一

改革开放以来,我国人民生活质量的提高和生活方式的变化,使我们深切感受到技术进步的广泛和迅速。在这种强烈感受背后,是科技产出指标的快速增长。数据显示,我国的技术进步幅度、制造业体系的完整程度,专利数、论文数、论文被引次数,等等,都已经排在世界前列。但是,在一些核心关键技术的研发和战略性产品的生产方面，我国还比较落后。这说明，我国的技术进步赖以依靠的基础研究，亟待加强。为此，我国政府和科技界、教育界以及企业界，都在不断大声疾呼，要加强基础研究、加强基础教育！

那么，科学与技术是什么样的关系呢？不言而喻，科学是根，技术是叶。只有根深，才能叶茂。科学的目标是发现新现象、新物质、新规律和新原理，深化人类对世界的认识，为新技术的出现提供依据。技术的目标是利用科学原理，创造自然界原本没有的东西，直接为人类生产和生活服务。由此，科学和技术的分工就引出一个问题：如果我们充分利用他国的科学成果，把自己的精力都放在技术发明和创新上，岂不是更加省力？答案是否定的。这条路之所以行不通，就是因为现代技术特别是高新技术，都建立在最新的科学研究成果基础之上。试想一下，如果没有训练有素的量子力学基础研究队伍，哪里会有量子技术的突破呢？

那么，科学发现和技术发明，跟大学生、中学生和小学生又有什么关系呢？大有关系！在我们的教育体系中，技术教育主要包括工科、农科、医科，基础科学教育主要是指理科。如果我们将来从事科学研究,毫无疑问现在就要打好理科基础。如果我们将来是以工、农、医为业,现在打好理科基础,将来就更具创新能力、发展潜力和职业竞争力。如果我们将来做管理、服务、文学艺术等看似与科学技术无直接关系的工作,现在打好理科基础,就会有助于深入理解这个快速变化、高度技术化的社会。

我们现在要建设世界科技强国。科技强国"强"在哪里?不是"强"在跟随别人开辟的方向,或者在别人奠定的基础上,做一些模仿性的和延伸性的工作,并以此跟别人比指标、拼数量,而是要源源不断地贡献出影响人类文明进程的原创性成果。这是用任何现行的指标,包括诺贝尔奖项,都无法衡量的,需要培养一代又一代具有良好科学素养的公民来实现。

二

我国的高等教育已经进入普及化阶段,教育部门又在扩大专业硕士研究生的招生数量。按照这个趋势,对于高中和本科院校来说,大学生和硕士研究生的录取率将不再是显示办学水平的指标。可以预期,在不久的将来,大学、中学和小学的教育将进入内涵发展阶段,科学教育将更加重视提升国民素质,促进社会文明程度的提高。

公民的科学素养,是一个国家或者地区的公民,依据基本的科学原理和科学思想,进行理性思考并处理问题的能力。这种能力反映在公民的思维方式和行为方式上,而不是通过统计几十道测试题的答对率,或者统计全国统考成绩能够表征的。一些人可能在科学素养测评卷上答对全部问题,但经常求助装神弄鬼的"大师"和各种迷信,能说他们的科学素养高吗?

曾经,我们引进美国测评框架调查我国公民科学素养,推动"奥数"提高数学思维能力,参加"国际学生评估项目"(Programme for International Student Assessment,简称 PISA)测试,去争取科学素养排行榜的前列,这些做法在某些方面和某些局部的确起过积极作用,但是没有迹象表明,它们对提高全民科学素养发挥了大作用。题海战术,曾经是许多学校、教师和学生的制胜法宝,但是这个战术只适用于衡量封闭式考试效果,很难说是提升公民科学素养的有效手段。

为了改进我们的基础科学教育,破除题海战术的魔咒,我们也积极努力引进外国的教育思想、教学内容和教学方法。为了激励学生的好奇心和学习主动性,初等教育中加强了趣味性和游戏手段,但受到"用游戏和手工代替科学"的诟病。在中小学普遍推广的所谓"探究式教学",其科学观基础,是20世纪五六十年代流行的波普尔证伪主义,它把科学探究当成了一套固定的模式,实际上以另一种方式妨碍了探究精神的培养。近些年比较热闹的STEAM教学,希望把科学、技术、工程、艺术、数学融为一体,其愿望固然很美好,但科学课程并不是什么内容都可以糅到一起的。

在学习了很多、见识了很多、尝试了很多丰富多彩、眼花缭乱的"新事物"之后,我们还是应当保持定力,重新认识并倚重我们优良的教育传统:引导学生多读书,好读书,读好书,包括科学之书。这是一种基本的、行之有效的、永不过时的教育方式。在当今互联网时代,面对推送给我们的太多碎片化、娱乐性、不严谨、无深度的瞬时知识,我们尤其要静下心来,系统阅读,深入思考。我们相信,通过持之以恒的熟读与精思,一定能让读书人不读书的现象从年轻一代中消失。

## 三

科学书籍主要有三种:理科教科书、科普作品和科学经典著作。

教育中最重要的书籍就是教科书。有的人一辈子对科学的了解,都超不过中小学教材中的东西。有的人虽然没有认真读过理科教材,只是靠听课和写作业完成理科学习,但是这些课的内容是老师对教材的解读,作业是训练学生把握教材内容的最有效手段。好的学生,要学会自己阅读钻研教材,举一反三来提高科学素养,而不是靠又苦又累的题海战术来学习理科课程。

理科教科书是浓缩结晶状态的科学,呈现的是科学的结果,隐去了科学发现的过程、科学发展中的颠覆性变化、科学大师活生生的思想,给人枯燥乏味的感觉。能够弥补理科教科书欠缺的,首先就是科普作品。

学生可以根据兴趣自主选择科普作品。科普作品要赢得读者，内容上靠的是有别于教材的新材料、新知识、新故事；形式上靠的是趣味性和可读性。很少听说某种理科教科书给人留下特别深刻的印象，倒是一些优秀的科普作品往往影响人的一生。不少科学家、工程技术人员，甚至有些人文社会科学学者和政府官员，都有过这样的经历。

当然，为了通俗易懂，有些科普作品的表述不够严谨。在讲述科学史故事的时候，科普作品的作者可能会按照当代科学的呈现形式，比附甚至代替不同文化中的认识，比如把中国古代算学中算法形式的勾股关系，说成是古希腊和现代数学中公理化形式的"勾股定理"。除此之外，科学史故事有时候会带着作者的意识形态倾向，受到作者的政治、民族、派别利益等方面的影响，以扭曲的形式出现。

科普作品最大的局限，与教科书一样，其内容都是被作者咀嚼过的精神食品，就失去了科学原本的味道。

原汁原味的科学都蕴含在科学经典著作中。科学经典著作是对某个领域成果的系统阐述，其中，经过长时间历史检验,被公认为是科学领域的奠基之作、划时代里程碑、为人类文明做出巨大贡献者,被称为科学元典。科学元典是最重要的科学经典,是人类历史上最杰出的科学家撰写的,反映其独一无二的科学成就、科学思想和科学方法的作品,值得后人一代接一代反复品味、常读常新。

科学元典不像科普作品那样通俗,不像教材那样直截了当,但是,只要我们理解了作者的时代背景,熟悉了作者的话语体系和语境,就能领会其中的精髓。历史上一些重要科学家、政治家、企业家、人文社会学家,都有通过研读科学元典而从中受益者。在当今科技发展日新月异的时代,孩子们更需要这种科学文明的乳汁来滋养。

现在,呈现在大家眼前的这套"科学元典丛书",是专为青少年学生打造的融媒体丛书。每种书都选取了原著中的精华篇章,增加了名家阅读指导,书后还附有延伸阅读书目、思考题和阅读笔记。特别值得一提的是,用手机扫描书中的二维码,还可以收听相关音频课程。这套丛书为学习繁忙的青少年学生顺利阅读和理解科学元典,提供了很好的入门途径。

## 四

据 2020 年 11 月 7 日出版的医学刊物《柳叶刀》第 396 卷第 10261 期报道,过去 35 年里,19 岁中国人平均身高男性增加 8 厘米、女性增加 6 厘米,增幅在 200 个国家和地区中分别位列第一和第三。这与中国人近 35 年营养状况大大改善不无关系。

一位中国企业家说,让穷孩子每天能吃上二两肉,也许比修些大房子强。他的意思,是在强调为孩子提供好的物质营养来提升身体素养的重要性。其实,选择教育内容也是一样的道理,给孩子提供高营养价值的精神食粮,对提升孩子的综合素养特别是科学素养十分重要。

理科教材就如谷物,主要为我们的科学素养提供足够的糖类。科普作品好比蔬菜、水果和坚果,主要为我们的科学素养提供维生素、微量元素和矿物质。科学元典则是科学素养中的"肉类",主要为我们的科学素养提供蛋白质和脂肪。只有营养均衡的身体,才是健康的身体。因此,理科教材、科普作品和科学元典,三者缺一不可。

长期以来,我国的大学、中学和小学理科教育,不缺"谷物"和"蔬菜瓜果",缺的是富含脂肪和蛋白质的"肉类"。现在,到了需要补充"脂肪和蛋白质"的时候了。让我们引导青少年摒弃浮躁,潜下心来,从容地阅读和思考,将科学元典中蕴含的科学知识、科学思想、科学方法和科学精神融会贯通,养成科学的思维习惯和行为方式,从根本上提高科学素养。

我们坚信,改进我们的基础科学教育,引导学生熟读精思三类科学书籍,一定有助于培养科技强国的一代新人。

2020 年 11 月 30 日

北京玉泉路

# 目　录

# 下篇　学习资源

# 上　篇

## 阅读指导
### Guide Readings

袁向东

中国科学院数学与系统科学研究院　研究员

笛卡儿是谁

笛卡儿《几何》的主要内容

笛卡儿的数学思想

# 笛卡儿是谁

笛卡儿(R. Descartes,1596—1650)这个名字因解析几何对科学的巨大贡献而家喻户晓。笛卡儿的"我思故我在"的哲学绝唱,成了唯物与唯心论者唇枪舌剑的一个永恒主题。这位 17 世纪的绅士到底是个什么样的伟人呢?《古今数学思想》(*Mathematical Thought from Ancient to Modern Times*)的作者克莱因(M. Kline)说:"笛卡儿是第一位杰出的近代哲学家,是近代生物学的奠基人,是第一流的物理学家,但只'偶然'是个数学家。不过,像他那样富于智慧的人,即使只花一部分时间在一个科目上,其工作也必定是有重要意义的。"

为了更好地了解笛卡儿创立解析几何的来龙去脉,我们先讲讲这个人吧。

1596 年 3 月 31 日,笛卡儿出生在法国图赖讷(Touraine)

地区的拉艾镇(La Haye)。

笛卡儿的父亲约阿希姆·笛卡儿(J. Descartes)是布列塔尼省伦诺地方法院的评议员,按现代术语讲,他既是律师又是法官。当时涉及法律事务的职位在很大程度上是世袭的;从事这一职业的人在社会上有相当大的独立性和一定的特权,属于所谓的"穿袍贵族"阶层,其地位介于贵族和资产者之间。其母让娜·布罗沙尔(J. Brochard)也出身于这一社会阶层,1597年去世,给笛卡儿留下一笔遗产,使他在此后的一生中有了可靠的经济保障,得以从事自己喜爱的工作。

有关笛卡儿早年生活的资料很少,只知他幼年体弱,丧母后由一位保姆照料;他对周围的世界充满好奇心,因此父亲说他是"小哲学家"。8岁(1604)时入拉弗莱什镇的耶稣会学校读书,校方出于对他健康的关心,特许他不受校规约束,早晨可躺到愿意去上课时为止。据说他因此养成了清晨卧床长时间静思的习惯,几乎终生不变。该校的教学大纲规定,学生在前五年学习人文学科(即拉丁语、希腊语和经典作家的作品)、法语(包括写作诗歌与散文)、音乐、表演和绅士必备的技艺——骑马和击剑。后三年课程的总称是哲学,包括逻辑学［亚里士多德(Aristotle)的三段论演绎法］、一般哲学［对亚里士多德的《尼各马可伦理学》(*The Nicomachean Ethics*)的详尽分析］、物理学、数学、天文学及形而上学［指托马斯·阿奎那(Thomas Aquinas)的哲学和天主教学者对此所做的注释］。在涉及科学的课程中,只有数学和天文学含有较新的研究成果。笛卡儿曾对诗歌怀有浓厚的兴趣,认为"诗是激情和想象力的产物"。人们心中知识的种子犹如埋在燧石中,哲学家"通过推理"使之显露,"而诗人靠想象力令其迸发火花,因而更加光辉"。

笛卡儿后来回忆说,这所学校是"欧洲最著名的学校之一",但他对所学的东西颇感失望,因为教科书中那些看起来微妙的论证,其实不过是些模棱两可甚至前后矛盾的理论,只能使他顿生怀疑而无从得到确凿的知识,唯一给他安慰的是具有自明推理的数学。他在结束学业时暗下决心:一是不再在书本的字里行间求学问,而要向"世界这本大书"讨教,以"获得经验";二是要靠对自身之内的理性的探索来区别真理和谬误。

1612年他从拉弗莱什的学校毕业;1616年获普瓦

提埃大学的法律学位。此后,笛卡儿便背离家庭的职业传统,开始探索人生之路。当时正值欧洲历史上第一次大规模的国际战争——三十年战争(1618—1648)时期,他从 1618 年起开始了长达 10 年的漫游与军旅生活。他曾多次从军,在一些参战的王公贵族麾下听命。他从戎的目的主要是为了弥补学校教育的不足,并无明显的宗教或政治倾向。

1618 年,他参加了信奉新教的奥伦治王子的军队,一年半后又到对立的信奉天主教的巴伐利亚公爵手下服务。笛卡儿自己评论这段生活的用词是"太空闲,太放荡"。看来,他不大可能实地参战,因而有足够的时间思考。在这期间,有几次经历对他产生了重要影响。1618 年他与荷兰哲学家、医生兼物理学家贝克曼(I. Beeckman)相识;据说因笛卡儿在短时间内独立解决了几道公开求答的数学难题而引起贝克曼对他的注意。他向笛卡儿介绍了数学的最新进展,包括法国数学家韦达(F. Viète)在代数方程论方面的工作;给了他许多有待研究的问题,特别是有关声学与力学类似于数学证明的方法,严格区分了真正的科学知识和那些仅仅为可能成立的命题，从而驳倒一位与会者的"一种新哲学"。贝吕勒（P. de Bérulle）主教深有感触，专门召见笛卡儿，以上帝代表的身份劝导他应献身于一项神圣的事业，即用他的充分而完美的方法去研究医学和力学。为顺应天意，笛卡儿决定避开战争、远离社交活动频繁的城市，寻找一处适于研究的环境。1628 年秋，他移居荷兰，开始长达 20 年的潜心研究和写作生涯，这期间除短期出访外一直在荷兰各地隐居。

1628—1630 年间，他撰写了第一篇方法论的论文：《探求真理的指导原则》（未最终完稿，1701 年刊于他的选集中）；1630—1633 年间，他从事多个学科的研究，涉及光的本质、折射现象、物质的性质与结构、数学、生理学与解剖学。他的目标在于用他的方法建立一个包罗万象的知识框架，为此，他准备出版一本书——《论世界》（*Le Monde*），计划写"论光"（Le Lumièse）和"论人"（L'Homme）两部分。1633 年初稿即将完稿之际，数学家、神学家梅森（M. Mersenne）写信告诉他，伽利略（G. Galilei）因宣传哥白尼（N. Copernicus）的学说而遭天主教宗教裁判所的审判；笛卡儿遂放弃了出版该书的打算,因为书中显然含有哥白尼的观点,他甚至未按惯例把手稿全部寄给梅森。其实笛卡儿并没有放弃自己的基本主张,其后 3 年中,他专心论证他的新方法具有坚实的哲学基础,相信自己的形而上学原理最终能被神学家所接受。

1637 年,笛卡儿发表了《方法谈》(原名是 *Discours de la méthode：Pour bien conduire sa raison，et chercher la vérité dans les sciences*,可译为"更好地指导推理和寻求科学真理的方法论")。

这部著作一反当时学术界的常规,用法文而不用拉丁文撰写,以便普通人阅读。该书正文占全书篇幅的约七分之一,包含了未发表的《论世界》中的重要内容,简要阐述了他的机械论的哲学观和基本研究方法,以及他的经历。书的其余部分给出了三个应用实例,现一般称为三个"附录",它们都可独立成篇,是笛卡儿最主要的科学论著,它们是:《折光》(*La Dioptrique*),其中提出了折射定律;《气象》(*Les Météores*),用于阐释与天气有关的自然现象,提出了虹的形成原理;《几何》(*La Géométrie*)①,用于清晰地表明他的方法的实质,包含了解析几何的基本思想。这部著作的出版引起了一些学者[包括费马(P. de Fermat)]和他的争论。

1638—1640 年,笛卡儿进一步探究其学说的哲学方面,用拉丁文撰写了《第一哲学沉思集》(*Meditationes de prima philosophia*),其论点大体在《方法谈》中出现过,只是有的观点更激烈。梅森收集到不少对该书的批评,包括来自英国哲学家霍布斯(T. Hobbes)和法国数学家兼哲学家伽桑狄(P. Gassendi)的批评。1641 年,笛卡儿正式出版此书,并加进了各种批评意见和他的简要的辩驳。这本书使笛卡儿作为哲学家的名声大震,也招致了涉及宗教的纷争。他被谴责为无神论者,地方行政当局甚至要传讯他。后经有势力的朋友斡旋,才使事态平息。其后 9 年间,笛卡儿试图把他的哲学与科学理论完善化、系统化,以期获得神学界的支持。

1644 年,笛卡儿的《哲学原理》(*Principia philo-*

_____

① 英文版为 *Geometry*。——编辑注

*sophiae*)问世,该书除重述其哲学信条外,还试图把一切自然现象(包括物理的、化学的和生理的)纳入一种符合逻辑的机械论模式。其历史功绩在于排除科学中的神学概念和目的论解释。他的研究纲领是用力学概念解释一切物理和生理现象,同时将力学与几何相联系,这种借助某种力学模型研究自然的方式,体现了现代科学的精神。但由于机械论的局限,书中的具体结论不少是错误的,或者很快就过时了。

笛卡儿的《哲学原理》题献给伊丽莎白公主——信奉新教的波希米亚国王腓特烈五世的女儿。他们在1643年相识后成了好友,经常通信,内容涉及从几何到政治学,从医学到形而上学的广阔领域,特别谈到人的机体与灵魂的相互作用问题以及笛卡儿的一种并不系统但已初具轮廓的伦理学观点。这些通信的价值不亚于笛卡儿跟数学家、神学家梅森,以及跟法国神学家阿尔诺(A. Arnauld)之间的通信。

1649年,笛卡儿出版了一本小书《激情论》(*Traité des passions de l'âme*),探讨属于心理生理学的问题,他认为这是他的整个知识体系中不可或缺的部分。同年秋天,笛卡儿很不情愿地接受了 23 岁的瑞典女皇克里斯蒂娜(Christina)的邀请,到斯德哥尔摩为女皇讲授哲学。晨思的习惯被打破了,每周中有三天他必须在清晨五点赶往皇宫去履行教师的职责。1650 年 2 月 1 日,他受了风寒,很快转为肺炎,10 天后便离开了人世。他的著作在生前就遭到教会指责,在他死后的 1663 年,更被列入梵蒂冈教皇颁布的禁书目录之中。但是,他的思想的传播并未因此而受阻,笛卡儿成为 17 世纪及其后的欧洲哲学界和科学界最有影响的巨匠之一。

# 笛卡儿《几何》的主要内容

1637 年,笛卡儿的名著《方法谈》问世,其中有三个附录——《折光》《气象》《几何》,作为他的一般方法论的应用实例。这本《几何》所阐发的思想,被英国哲学家、经济学家密尔(John Stuart Mill)称作"精密科学进步中最伟大的一步"。

《几何》共分为三章,笛卡儿在里面讨论的全是关于初等几何的作图问题,这些都是从古希腊起一直在研究的,新颖之处就在于他使用的方法。在笛卡儿看来,希腊人的几何方法过于抽象,欧几里得几何中的每个证明,总要求某种新的奇妙的想法,由于证明过多地依赖图形,它束缚了人们的思想;笛卡儿也不满意当时流行的代数,说它完全从属于法则和公式,以致不成其为一门改进智力的科学。他在《方法谈》中回忆了他曾学习过的逻辑学、几何、代数之后说:"我想,我必须寻找某种别的方法,它将把这三方面的优点组合在一起,并去掉它们的缺点。"让我们以《几何》第1章为例,勾画一下笛卡儿新方法的轮廓。

《几何》第1章的标题是"仅使用直线和圆的作图问题"。笛卡儿认为,在这类问题中,"只要知道直线段的长度的有关知识,就足以完成它的作图"。为了尽可能地把线段和数量联系在一起,就要定义线段的加、减、乘、除、开根。为此,他引进了单位线段的概念。他写道:

　　为了更加清晰明了,我将毫不犹豫地把这些算术的术语引入几何。

　　例如,令 *AB* 为单位线段,求 *BC* 乘 *BD*。我只要联结点 *A* 与点 *C*,引 *DE* 平行 *CA*;则 *BE* 即是 *BD* 和 *BC* 的乘积。(图1)

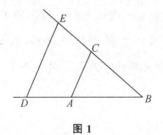

**图1**

若求 $BD$ 除 $BE$，我联结 $E$ 和 $D$，引 $AC$ 平行 $DE$；则 $BC$ 即为除得的结果。

若想求 $GH$ 的平方根，我沿该直线加上一段等于单位长的线段 $FG$；然后平分 $FH$ 于 $K$；我再以 $K$ 为圆心作圆 $FIH$，并从 $G$ 引垂线延至 $I$。那么，$GI$ 即所求的平方根。（图2）

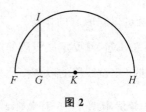

**图 2**

接着，笛卡儿阐明了解这类几何作图题的一般原则。

当要解决某一问题时，我们首先假定解已经得到，并给为了做出此解而似乎要用到的所有线段指定名称，不论它们是已知的还是未知的。然后，在不对已知和未知线段做区分的情况下，利用这些线段间最自然的关系，将难点化解，直至找到这样一种可能，即用两种方式表示同一个量。这将引出一个方程。

斯霍滕(F. van Schooten)曾用例子给这段话做了一个注解：

已知线段 $AB$，$C$ 是 $AB$ 上任意给定的一点，要求延长 $AB$ 至 $D$，使得边长为 $AD$ 和 $DB$ 的矩形面积等于边长为 $CD$ 的正方形面积。

解：令 $AC=a$，$CB=b$，$BD=x$。则

$$AD=a+b+x，CD=b+x。$$

据面积定义得

$$(a+b+x)x=(b+x)^2$$

即 $ax+bx+x^2=b^2+2bx+x^2$

（图 3）。得到这个方程后，经过合并同类项，得

$x=\dfrac{b^2}{a-b}$。根据对线段进行代数运算的定义，就可以用几何办法画出 $x$。

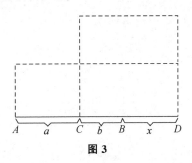

图 3

笛卡儿在《几何》第 1 章中讨论的是二次方程的情形。他说：

> 如果所论问题可用通常的几何来解决，即只使用平面上的直线和圆的轨迹，此时，最后的方程要能够完全解出，其中至多只能保留一个未知量的平方，它等于某个已知量与该未知量的积，再加上或减去另一个已知量。于是，这个根或者说这条未知线段能被容易地求得。例如，若我得到
>
> $$z^2 = az + b^2,$$
>
> 我便作一个直角三角形 $NLM$，其一边为 $LM$，它等于 $b$，即已知量 $b^2$ 的平方根；另一边 $LN$，它等于 $\frac{1}{2}a$，即另一个已知量——跟我假定为未知线段的 $z$ 相乘的那个量——的一半。于是，延长 $MN$，整个线段 $OM$ 即所求的线段 $z$。（图 4）

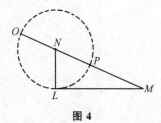

**图 4**

它可用如下方式表示：

$$z = \frac{1}{2}a + \sqrt{\frac{1}{4}a^2 + b^2} \, .$$

笛卡儿还指出，当方程形如 $z^2 = -az + b^2$，及 $z^2 = az - b^2$ 时，如何用简单的几何作图画出 $z$。应该注意，这最后的一步，笛卡儿给出的是二次代数方程的几个解法。

从上面的介绍，我们看到笛卡儿是多么热衷于几何与代数的结合，目的是寻找作图问题的统一解法。但上述内容并没有涉及解析几何的精华——用代数方程表示并研究几何曲线。如果他就此歇手，数学史上就不会留下他显赫的大名。他是这样继续前行的：从解代数方程的角度出发，提出：

> 我们必须找出跟假定为未知线段的数目一样多的方程；但是，若在考虑了每一个有关因素之后仍得不到那样多的方程，那么，显然该问题不是完全确定的。一旦出现这种情况，我们可以为每一条缺少方程与之对应的未知线段，任意确定一个长度。

在《几何》第 2 章中,笛卡儿在讨论著名的帕普斯 (Pappus)问题时,大大地发展了这一思想。

帕普斯问题是这样的:设给定四条直线 $AG,GH,EF$ 和 $AD$,考虑点 $C$,从点 $C$ 引四条线各与一条已知直线相交,交角的大小是预先给定的(但四个角不一定相同),记所引的四条线段为 $CP,CQ,CR$ 和 $CS$。要求适当地选取 $C$ 点的位置,使得 $CP \cdot CR = CS \cdot CQ$。(图 5)

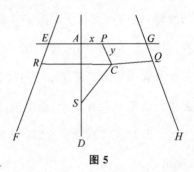

**图 5**

笛卡儿仍用他的新方法解这个题。他假定 $C$ 点已经找到,令 $AP$ 为 $x$,$CP$ 为 $y$。经过寻找各线段之间的几何关系,他用已知量表示出 $CR,CQ$ 和 $CS$。代入 $CP \cdot CR = CS \cdot CQ$ 就得到

$$y^2 = \mathcal{A}y + \mathcal{B}xy + \mathcal{C}x + \mathcal{D}x^2,$$

其中，$\mathcal{A},\mathcal{B},\mathcal{C},\mathcal{D}$ 是由已知量组成的简单代数式。根据这个不定方程，任给一个 $x$ 的值，按《几何》第 1 章中的方法，就立即可以用直线和圆规画出一个 $y$。由于 $x$ 的值可以任取，直线段 $y$ 的一个端点 $C$ 就相应画出了一条曲线。在这个具体问题中，为了确定点 $C$ 的位置，笛卡儿选直线 $AG$ 为基线（相当于一根坐标轴），点 $A$ 为起点（相当于坐标原点），$x$ 值是从起点量起的一条线段的长度，$y$ 值是另一条线段的长度，该线段从基线出发，与基线交成固定角（这可以看成另一根坐标轴，随 $x$ 的不同而改变位置，但与基线 $AG$ 的交角始终不变）。笛卡儿在我们面前展现的就是这样一个斜角坐标系。

笛卡儿顺着用代数方程表示曲线的思路，又提出了一系列新颖的想法：曲线的次数与坐标轴的选择无关；坐标的选取应使曲线相应的方程尽量简单；几何曲线是那些可以用一个唯一含 $x$ 和 $y$ 的有限次代数方程来表示出的曲线；可以根据代数方程的次数将几何曲线分类。

《几何》的第 3 章讨论了一些纯代数理论。他把方程中所有的项移至等号的一侧，另一侧为 0。相当于把

方程记作 $p(x)=0$ 的形式。他经由归纳得出的结论可以概括如下：每一个 $n$ 次方程皆可表示成

$$(x-a)(x-b)\cdots(x-s)=0,$$

其中 $a,b,\cdots,s$ 是方程的根。由于每个根必出现在其中的某个二项式因子中，为使 $x$ 的最高次幂为 $n$，就要求有 $n$ 个这样的因子。

笛卡儿在这里相当于提出并直观论证了代数基本定理——$n$ 次方程有 $n$ 个根［吉拉尔(A. Girard)首先于1629年叙述过该定理］。他还首次给出了一般形式的求代数方程正根和负根个数的法则（现称笛卡儿符号法则）。在一系列的例子中，他说明如何能改变一个方程的根的符号，怎样使方程增根或减根，并给出消去 $n$ 次方程中 $x^{n-1}$ 项的方法。

笛卡儿的《几何》中虽然没有我们现在所称的笛卡儿坐标系——平面上的直角坐标系，但他的思想和方法确实体现了解析几何的精髓。笛卡儿的《方法谈》1637年问世时，另一位法国数学家也已经完成了用代数方程研究几何曲线的大作《平面和立体的轨迹引论》，据称该文于1629年完稿(1679年正式发表)，此人即赫赫有名

的费马。"优先权问题,在一切科学史中都构成了不幸的一章",这两位大师也被卷进过这种不幸的争论。但我们乐于称笛卡儿和费马同为解析几何之父。科学史上从来就不乏两人甚至多人几乎同时获得一项重大发现或创见的例证!

# 笛卡儿的数学思想

笛卡儿的数学观跟他的哲学观是相辅相成的。这里主要就他对欧几里得的《几何原本》(以下简称《原本》)的体系及内容(以下简称"欧氏几何")的看法做一分析。

## 一、笛卡儿是否喜欢欧氏几何

### 1. 欧氏几何是以构造方法为基础的公理体系

对欧几里得《原本》作为公理体系的特色,已有大量著述,不再赘言,此处只简要提一提其构造方法的特征。

应该说,人类早期发展起来的几何、算术和代数,都以其研究对象的直观性存在或构造性存在为基础。《原本》的基础仍在于几何对象的构造性存在:① 它的 5 条(公设)是为作图而设的;② 它只讨论可规、尺作图的图形。它规定的工具(不带刻度的直尺和离开作图平面即失效的原始圆规)虽使人感到一种浓烈的公理味①,但欧几里得的目的可能是为了作图的规格化、统一化。用现代的观点看,《原本》中的作图过程,大都可看成一种简单的 algorithm(可译作算法)——使用一组特定的数学工具去解决一类给定问题的一个程序。在讨论平面几何的卷Ⅰ,Ⅱ,Ⅲ,Ⅳ和Ⅵ中,共有基本作图题 48 个,每个都给出一种简单算法,典型的如卷Ⅱ命题 2:

分割给定直线(段),使得整段与其中一分段所作的矩形等于所余另一分段上所成的正方形。

为了指出这种算法不是太平凡的,只消说明它相当于代数中求解 $x^2 + ax = a^2$ 这类方程。

值得注意的是,《原本》中涉及图形间关系的不少命题,也是通过直接作图再加全等公理来证明的,如卷Ⅱ中的命题 1,2,3,4,5,6,7,8。

①　即使工具尽量简单,但不虑及作图的方便,所引起的麻烦见《原本》卷Ⅰ命题 2:过一已知点作一直线(段),使它等于一已给定的直线(段)。

2. 笛卡儿对《原本》的公理形式和几何内容"分而治之",各作取舍

在笛卡儿的著作中,我们尚未找到他对欧氏几何的系统评价,但从他建立他的哲学体系的方法,可以看出他在如下意义上,并不排斥由定义、公理到定理的这种形式的知识结构,即认为它是证明各种知识的确实性(或者说真理性)的唯一可靠的方法。他也确实把他的哲学体系全部建立在"我思故我在"这条"第一原理"之上了。在《哲学原理》的序言中,笛卡儿写道:"要寻找第一原因和真正的原理,由此演绎出人所能知的一切事物的理由。"

同时,笛卡儿也指出了这种综合的、演绎的数学体系的局限,说它虽"给出了大量真理",但无法使人明白"事情为什么会是这样,也没有说明这些真理是如何被发现的"。因此,在具体的研究工作中,笛卡儿明显喜欢分析的几何而不是综合的几何。

对于《原本》的具体几何内容,笛卡儿的态度是矛盾的,他觉得这种几何只研究一些非常抽象而看来无用的问题,这跟他的强调实用的科学观相悖;但那些几何命题确实具有最大的简明性,而又不必求助经验,这正是

他所追求的具有确实性的知识的典范。不过,笛卡儿显然不满足于书斋式的研究,而强调几何与自然的结合,在《哲学原理》第 4 章中,他明确提出:

> 关于物质事物的明白而清晰的概念有形相、体积、运动及其变化的各种法则,这些法则就是几何和机械学的法则。

### 3. 笛卡儿扩大了几何的研究对象

笛卡儿取消了欧氏几何对构造性存在的苛刻限制,为扩大几何的研究对象,从而为几何研究自然现象开辟了道路。

笛卡儿在《几何》中分析了古希腊人在作图问题上的局限性,首次提出几何的精确性最终依赖于推理,因此比欧氏尺、规复杂的工具,只要在机械学中允许使用,就应视为跟尺、规有同样的精确性,它们作出的图形,应该和圆与直线一样有资格作为几何的研究对象。他在给贝克曼的一封信中说,算术问题根据各自的特点加以解决,“有的问题用有理数解,另一些仅用到无理数,还有一些仅可以想象而无法解出”。在涉及连续量的问题中,他说：

> 某些仅用直线和圆就可解决,其他的要由别种
> 曲线来解,不过要求它们由单一的运动给出,因此,
> 可用新形式的各种作图规画出(我想这些新作图规
> 在几何上的精确性不会亚于通常用来画圆的圆规)。

为此,他提议增加一条用于作图的假定：

> 两条或两条以上的线可以一条随一条地运动,
> 并由它们的交点确定出其他曲线。

笛卡儿还真的设计了一种带滑槽和活动轴的作图
工具。[①]

笛卡儿甚至主张尚无法用当时的工具画出的曲线,
也应被接纳入几何。他说："还有另一些问题可以仅用
各种互不从属的运动产生的曲线来解,这些曲线肯定只
能想象(如著名的割圆曲线),我想不出还有什么问题不
能用这样的曲线来解决。"(见致贝克曼的信)

笛卡儿如此热衷于扩大几何曲线的领域,目的是明

---

① 见本书第 63 页。——编辑注

确的。他认为,提出更广的曲线来研究是恰当的,这"将为实践活动提供巨大的机会"。他本人就花了很大努力,利用几何来研究光学现象。

笛卡儿能突破直到韦达为止人们一直坚守的以尺、规作图决定几何对象存在的防线,跟他的哲学思维似有联系。他在《第一哲学沉思集》第六部分中,提出所谓"想象"和"纯粹理解(或理会)"之间的区分:

> 当我想象一个三角形时,我不仅理会到这是一个由3条线组成的形相,而且同时直观到可以说由我的心智的能力或内视力提供出来的3条线……可是如果我要去思想一个千边形,我虽然明白地理会到这是一个由一千条边组成的形相……可是无论如何不能想象出千边形的一千条边,即不能用我的心灵的眼睛看到那一千条边。

这说明即使是最简单的直线图形,有些也是无法想象的,当然也不能具体地作图了。那么笛卡儿放弃尺、规作图的限制是顺理成章的了。

## 二、由传统的几何、算术到笛卡儿的普遍的数学

凡论及解析几何产生的历史的著作都必讨论这个主题,我们想强调以下几点:

(1) 笛卡儿对古希腊数学家流传下来的著作,表示了普遍的不满。在《探求真理的指导原则》中,他写道:

> 我曾特别注意算术和几何,因为据说它们是最简单的……是达到所有其他知识的通道。不过没有一个作者能使我真正满意……忙忙碌碌地去研究干巴巴的数和虚构的图形,满足于这些小事,使用很肤浅的论证——常常是靠机会而非技巧,靠眼睛而非理解,没有比这更无用的了。在某种意义上它取消了对人的理性的运用。

(2) 但笛卡儿觉得即使在古代也已萌发了一种真正的数学。在同一著作中他写道:

> 在帕普斯和丢番图(Diophantus)的著作中,我似乎认出了这种真正的数学的踪迹……他们可能像许多发明家一样……觉得他们的方法如此容易

和简单,害怕一经泄露就会丧失身价。因此,他们为赢得人们的赞美,宁肯展示贫乏的真理和能充分表现才智的演绎论证,作为他们这门技艺的成果,而不肯将真正的技艺传授于人——这也许会把他们能获得的赞美化为乌有。

笛卡儿发现在与他同时代的人中,正有人在复兴这门技艺,"它具有真正的数学所必备的清晰性和简单性"。他说他的这些考察使他从带特殊性的算术和几何走向一种具有普遍性的数学。

(3)笛卡儿的"普遍的数学"的目标是直接指向科学研究的。他提出数学应研究"一切事物的次序与度量性质",不管它们"来自数、图形、星辰、声音或其他任何涉及度量的事物"。数学应该阐明"有关次序与度量的完整的原理"。笛卡儿实际提出了科学数学化的任务。

(4)帕普斯问题是笛卡儿打开"普遍的数学"大门的敲门砖。

恩格斯说笛卡儿使变量进入数学,使数学成为研究运动的武器。而笛卡儿做到这一点的直接原因却归于一个纯粹的几何问题——所谓的帕普斯问题。在这里讲一下笛卡儿对实验以及哲学的功效的观点,跟上述事实对照起来是颇有意思的。

跟一般人以为的不同,笛卡儿非常重视科学实验。在《哲学原理》的序言中,他讲了他的宏图大志,讲了已完成和尚未完成的工作,接着,他不无遗憾地说:

> 假如我能做一切必要的实验来论证和支持我的理论,我一定会努力去完成整个计划的,因为我并不觉得自己很老,也不怀疑自己的精力,离要达到的知识又不算遥远。不过,做这些事(指实验)费用浩大,若无公家资助,以我个人的家产实在难以实现。可是,公家之助既然不可期,我想今后的研究只能满足于自我教诲了。我想我因此而未能为后人的直接利益效力,他们是会原谅我的。

这是他 1644 年发出的叹息,时年 48 岁。此前,在他力所能及之处,他确实做过不少实验,包括磨制光学镜片,解剖从屠宰场买来的动物器官等。

不少人也不了解笛卡儿的理性主义哲学的目的是

相当讲究实际的。他把全部哲学比喻成一棵树：根是形而上学，干是物理学，枝条是其他科学（包括医学、机械学、伦理学等）。他说："不过，我们不是从树根、树干而是从树的枝梢采集果实的"，"我一向怀着一种热忱，愿对公众稍有贡献，所以我在 10 年或 12 年前就印行了一些论说，发表我认为是一得之见的一些学说"。这显然是指他的光学、气象学和几何学。

尽管有以上背景，他却并不是从当时科学界热烈讨论的运动问题为数学引入变量的观念的，而是从纯几何的帕普斯问题出发，为研究运动问题提供了有效的方法。

笛卡儿得到解析几何真谛的过程大致如下：① 在学生时代，对几何、算术和代数产生了浓厚的兴趣，认为是他所学知识中最明白和确实的；② 在发展他的哲学体系时，提出由怀疑为先导的理性方法，因而对希腊数学进行了深刻的反思；③ 与此同时，他对科学的兴趣，使他产生了要寻找一种普遍适用的数学的强烈愿望；④ 在批判希腊数学著作时，在帕普斯的《数学汇编》中发现了"轨迹问题"——这个问题欧几里得和阿波罗尼奥斯

(Apollonius)都研究过但未解决。这一适合发挥"分析"论证优点的问题引起了笛卡儿极大的兴趣，在给友人的信中他说，在《几何》发表前 4 年，他花了 5 周到 6 周的时间解决了这个问题。笛卡儿正是在解答这个问题的过程中踏进了我们称作解析几何的大门。

### 三、笛卡儿对数学对象的客观性解释

在《第一哲学沉思集》中，笛卡儿有一段对数学对象本性的论述：

> 我想象一个三角形的时候，虽然在我以外的世界的任何地方也许没有这样一种形相，甚至从来没有过，但是这种形相毕竟具有明确的性质、形式或本质，是不变的、永恒的，不是我捏造的，而且不依赖于我的心灵而存在。

接着他点出了三角形的几个性质：三内角和等于两直角，大边对大角等，并说他初次想象一个三角形时并没想到这类性质。他不同意以下这样的解释——"由于我曾经见过三角形的物体，于是关于三角形的观念通过

感官进入我的心灵"；因为，"我可以在心中形成无数其他根本无法认为是感官对象引起的形相，而我仍旧能推证出各种涉及它们本性的特征"，它们是"如此清楚，因此不是纯粹的虚无，而具有真实性"；"上帝的存在至少与我在这里认为真实的全部（仅涉及数和形相的）数学真理同样确实"。

　　应该指出，笛卡儿在早年为外部世界的事物（他称为感官对象）所深深吸引时，就曾把算术、几何以及一般纯粹数学中的形相、数目等能清楚明白理会到的东西当成是真实的。经过多年的哲学考察后，他才转向上述接近柏拉图的数学客观性观念。

# 中　篇

# 笛卡儿几何

## *Geometry*

# 第1章　仅使用直线和圆的作图问题

任何一个几何问题都很容易化归为用一些术语来表示,使得只要知道直线段的长度的有关知识,就足以完成它的作图。

## 如何将算术运算转为几何的运算

算术仅由四种或五种运算组成,即加、减、乘、除和开根,开根可认为是一种除法;在几何中,为得到所要求的线段,只需对其他一些线段加加减减;不然的话,我可以取一个线段,称之为单位线段,目的是把它同数尽可能紧密地联系起来,而它的选择一般是任意的;当再给定其他两条线段时,则可求第四条线段,使它与给定线段之一的比等于另一给定线段与单位线段的比(这跟乘法一致);或者,可求第四条线段,使它与给定线段之一的比等于单位线段与另一线段之比(这等价于除法);最后,可在单位线段和另一线段之间求一个、两个或多个比例中项(这相当于求给定线段的平方根、立方根等)。为了更加清晰明了,我将毫不犹豫地把这些算术的术语引入几何。

## 如何在几何中进行乘、除和开平方根

例如,令 $AB$ 为单位线段,求 $BC$ 乘 $BD$。我只要联结点 $A$ 与点 $C$,引 $DE$ 平行 $CA$;则 $BE$ 即是 $BD$ 和 $BC$ 的乘积。(图 1.1[①])

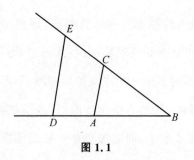

图 1.1

---

① 笛卡儿原著中未对图进行编号,本书编号为编辑所加。——编辑注

若求 *BD* 除 *BE*,我联结 *E* 和 *D*,引 *AC* 平行 *DE*;则 *BC* 即为除得的结果。

若想求 *GH* 的平方根,我沿该直线加上一段等于单位长的线段 *FG*;然后平分 *FH* 于 *K*;我再以 *K* 为圆心作圆 *FIH*,并从 *G* 引垂线延至 *I*。那么,*GI* 即所求的平方根。(图 1.2)我在这里不讲立方根或其他根的求法,因为在后面讲起来更方便。

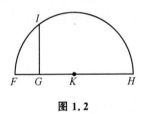

**图 1.2**

## 我们如何在几何中使用算术符号

通常,我们并不需要在纸上画出这些线,而只要用单个字母来标记每一条线段就够了。所以,为了作线段 *BD* 和 *GH* 的加法,我记其中的一条为 *a*,另一条为 *b*,并写下 $a+b$。同样,$a-b$ 将表示从 *a* 中减去 *b*;*ab* 表

示 $b$ 乘 $a$；$\dfrac{a}{b}$ 表示 $b$ 除 $a$；$aa$ 或 $a^2$ 表示 $a$ 自乘；$a^3$ 表示自乘所得的结果再乘 $a$，并以此类推。类似地，若求 $a^2+b^2$ 的平方根，我记作 $\sqrt{a^2+b^2}$；若求 $a^3-b^3+ab^2$ 的立方根，我写成 $\sqrt[3]{a^3-b^3+ab^2}$，以此可写出其他的根。必须注意，对于 $a^2$，$b^3$ 及类似的记号，我通常用来表示单一的一条线段，只是称之为平方、立方等而已，这样，我就可以利用代数中使用的术语了。

还应该注意，当所讨论的问题未确定单位时，每条线段的所有部分都应该用相同的维数来表示。$a^3$ 所含的维数跟 $ab^2$ 或 $b^3$ 一样，我都称之为线段 $\sqrt[3]{a^3-b^3+ab^2}$ 的组成部分。然而，对单位已确定的情形就另当别论了，因为不论维数的高低，对单位而言总不会出现理解上的困难；此时，若求 $a^2b^2-b$ 的立方根，我们必须认为 $a^2b^2$ 这个量被单位量除过一次，而 $b$ 这个量被单位量乘过 2 次。

最后，为了确保能记住线段的名称，我们在给它们指定名称或改变名称时，总要单独列出名录。例如，我

们可以写 $AB = 1$，即 $AB$ 等于 $1$；$GH = a$，$BD = b$；等等。

## 我们如何利用方程来解决各种问题

于是，当要解决某一问题时，我们首先假定解已经得到，并给为了做出此解而似乎要用到的所有线段指定名称，不论它们是已知的还是未知的。然后，在不对已知和未知线段做区分的情况下，利用这些线段间最自然的关系，将难点化解，直至找到这样一种可能，即用两种方式表示同一个量。这将引出一个方程，因为这两个表达式之一的各项合在一起等于另一个的各项。

我们必须找出跟假定为未知线段的数目一样多的方程；但是，若在考虑了每一个有关因素之后仍得不到那样多的方程，那么，显然该问题不是完全确定的。一旦出现这种情况，我们可以为每一条缺少方程与之对应的未知线段，任意确定一个长度。

在得到了若干个方程后，我们必须有条不紊地利用其中的每一个，或是单独加以考虑，或是将它与其他的相比较，以便得到每一个未知线段的值；为此，我们必须先统一地进行考察,直到只留下一条未知线段,它等于某条已知线段;或者是未知线段的平方、立方、四次方、五次方、六次方等中的任一个,等于两个或多个量的和或差,这些量中的一个是已知的,另一些由单位线段跟这些平方、立方、四次方等得出的比例中项乘以其他已知线段组成。我用下列式子来说明:

$$z = b$$

$$或 \ z^2 = -az + b^2$$

$$或 \ z^3 = az^2 + b^2z - c^3$$

$$或 \ z^4 = az^3 - c^3z + d^4,$$

$$\cdots\cdots$$

即,$z$ 等于 $b$,这里的 $z$ 我用以表示未知量;或 $z$ 的平方等于 $b$ 的平方减 $z$ 乘 $a$;或 $z$ 的立方等于 $z$ 的平方乘以 $a$ 后加 $z$ 乘以 $b$ 的平方,再减 $c$ 的立方;其余类推。

这样,所有的未知量都可用单一的量来表示,无论问题是能用圆和直线作图的,还是能用圆锥截线作图的,甚或是能用次数不高于三次或四次的曲线作图的。

我在这里不做更详细的解释,否则我会剥夺你靠自己的努力去理解时所能享受的愉悦;同时,通过推演导出结论,对于训练你的思维有益,依我之见,这是从这门科学中所能获得的最主要的好处。这样做的另一个理由是,我知道对于任何熟悉普通的几何和代数的人而言,只要他们仔细地思考这篇论著中出现的问题,就不会碰到无法克服的困难。

因此,我很满意如下的说法:对于一名学生来说,如果他在解这些方程时一有机会就能利用除法,那么他肯定能将问题约化到最简单的情形。

## 平面问题及其解

如果所论问题可用通常的几何来解决,即只使用平面上的直线和圆的轨迹,此时,最后的方程要能够完全解出,其中至多只能保留一个未知量的平方,它等于某个已知量与该未知量的积,再加上或减去另一个已知量。于是,这个根或者说这条未知线段能被容易地求得。例如,若我得到

$$z^2 = az + b^2,$$

我便作一个直角三角形 $NLM$,其一边为 $LM$,它等于 $b$,

即已知量 $b^2$ 的平方根；另一边 $LN$，它等于 $\frac{1}{2}a$，即另一个已知量——跟我假定为未知线段的 $z$ 相乘的那个量——的一半。于是，延长 $MN$，整个线段 $OM$ 即所求的线段 $z$。（图 1.3）

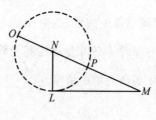

**图 1.3**

它可用如下方式表示：

$$z = \frac{1}{2}a + \sqrt{\frac{1}{4}a^2 + b^2} \text{。}$$

但是，若我得到

$$y^2 = -ay + b^2,$$

其中 $y$ 是我们想要求其值的量，此时我作同样的直角三角形 $NLM$，在斜边上画出 $NP$ 等于 $NL$，剩下的 $PM$ 即是所求的根 $y$。（图 1.3）我们写作

$$y = -\frac{1}{2}a + \sqrt{\frac{1}{4}a^2 + b^2}。$$

同样地,若我得到

$$x^4 = -ax^2 + b^2,$$

此时 $PM$ 即是 $x^2$,我将得出

$$x = \sqrt{-\frac{1}{2}a + \sqrt{\frac{1}{4}a^2 + b^2}},$$

其余情形类推。

最后,若得到的是

$$z^2 = az - b^2,$$

我如前作 $NL$ 等于 $\frac{1}{2}a$,$LM$ 等于 $b$;然后,我不去联结点 $M$ 和点 $N$,而引 $MQR$ 平行于 $LN$,并以 $N$ 为圆心画过 $L$ 的圆,交 $MQR$ 于点 $Q$ 和点 $R$(图1.4);那么,所求线段 $z$ 或为 $MQ$,或为 $MR$,因为此时有两种表达方式,即:

$$z = \frac{1}{2}a + \sqrt{\frac{1}{4}a^2 - b^2}$$

和

$$z = \frac{1}{2}a - \sqrt{\frac{1}{4}a^2 - b^2} \, 。$$

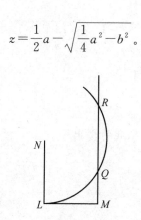

**图 1.4**

若以 $N$ 为心过 $L$ 的圆跟直线 $MQR$ 既不相交也不相切，则方程无根，此时我们可以说这个问题所要求的作图是不可能的。

还有许多其他的方法可用来求出上述同样的根，我已给出的那些非常简单的方法说明，利用我解释过的那四种图形的做法，就可能对通常的几何中的所有问题进行作图。我相信，古代数学家没有注意到这一点，否则他们不会花费那么多的劳动去写那么多的书；正是这些书中的那些命题告诉我们，他们并没有一种求解所有问题的可靠方法，而只是把偶然碰到的命题汇集在一起罢了。

## 帕普斯的例子

帕普斯在他的书的第七篇①开头所写的内容也证明了这一点。在那里,他先用相当多的篇幅列出了他的前辈撰写的大量几何著作;最后才提到一个问题,他说那既非欧几里得,亦非阿波罗尼奥斯或其他人所能完全解决的;他是这样写的:

此外,他(阿波罗尼奥斯)说与三线或四线相关的轨迹问题,欧几里得并未完全解决,他本人和其他人也没能够完全解决。他们根本没有利用在欧几里得之前已论证过的圆锥截线,来为欧几里得所写下的内容添加任何东西。

在稍后的地方,帕普斯叙述了这个问题:

他(阿波罗尼奥斯)对与三线或四线相关的轨迹问题引以为豪,对其前辈作者的工作则不置一词。问题的性质如下:若给定了三条直线的位置,

①　指帕普斯的《数学汇编》第七篇,该书共八篇。——编辑注

并且从某一点引出的三条直线段分别和三条给定直线相交成给定的角;若所引的直线段中的两条所作成的矩形与另一条的平方相比等于给定的比,则具有上述性质的点落在一条位置确定的立体轨迹上,即落在三种圆锥截线的一种上。

同样,若所引直线段与位置确定的四条直线相交成给定的角,并且所引直线段中的两条所作成的矩形与另两条作成的矩形相比等于给定的比;那么,同样地,点将落在一条位置确定的圆锥截线上。业已证明,对于只有二线的情形,对应的轨迹是一种平面轨迹。当给定的直线的数目超过四条时,至今并不知道所描绘出的是什么轨迹(即不可能用普通的方法来确定),而只能称它作"线"。不清楚它们是什么东西,或者说不知其性质。它们中有一条轨迹已被考察过,它不是最重要的而是最容易了解的,这项工作已被证明是有益的。这里要讨论的是与它们有关的命题。

若从某一点所引的直线段与五条位置确定的直线相交成给定的角,并且所引直线段中的三条所

作成的直角六面体与另两条跟一任意给定线段作
成的直角六面体相比等于给定的比,则点将落在一
条位置确定的"线"上。同样,若有六条直线,所引
直线段中的三条所作成的立体与另三条作成的立
体的比为给定的比,则点也将落在某条位置确定的
"线"上。但是当超过六条直线时,我们不能再说由
四条直线段所作成的某物与其余直线段作成的某
物是否构成一个比,因为不存在超过三维的图形。

这里,我请你顺便注意一下,迫使古代作者在几何
中使用算术术语的种种考虑,未能使他们逾越鸿沟而看
清这两门学科间的关系,因而在他们试图做解释时,产
生了众多含糊和令人费解的说法。

帕普斯这样写道:

> 对于这一点,过去解释过这些事情(一个图形
> 的维数不能超过 3)的人的意见是一致的。他们坚
> 持认为,由这些直线段所作成的图形,无论如何都
> 是无法理解的。然而,一般地使用这种类型的比来
> 描述和论证却是允许的,叙述的方式如下:若从任

一点引出若干直线段,与位置确定的一些直线相交成给定的角;若存在一个由它们组合而成的确定的比,这个比是指所引直线段中的一个与一个的比,第二个与某第二个的比,第三个与某第三个的比,等等。如果有七条直线,就会出现跟一条给定直线段的比的情形,如果有八条直线,即出现最后一条与另外最后某条直线段的比;点将落在位置确定的线上。类似地,无论是奇数还是偶数的情形,正如我已说过的,它们在位置上对应四条直线;所以说,他们没有提出任何方法使得可以得出一条线。[①]

这个问题始于欧几里得,由阿波罗尼奥斯加以推进,但没有哪一位能完全解决。问题是这样的:

有三条、四条或更多条位置给定的直线,首先要求找出一个点,从它可引出另外同样多条直线段,每一条与给定直线中的某条相交成给定的角,使得由所引直线段中的两条作成的矩形,与第三条直线段(若仅有三条

---

[①] 笛卡儿所引帕普斯的这段话含义不清,我们只能从上下文来理解它。——译者注

的话)形成给定的比;或与另两条直线段(若有四条的话)所作成的矩形形成给定的比。或者,由三条直线段所作成的平行六面体与另两条跟任一给定直线段(若有五条的话)所作成的平行六面体形成给定的比;或与另三条直线段(若有六条的话)所作成的平行六面体形成给定的比。再或者,(若有七条的话)其中四条相乘所得的积与另三条的积形成给定的比;或(若有八条的话)其中四条的积与另外四条的积形成给定的比。于是,问题可以推广到有任意多条直线的情形。

　　因为总有无穷多个不同的点满足这些要求,所以需要发现和描绘出含有所有这些点的曲线。帕普斯说,当仅给定三条或四条直线时,该曲线是三种圆锥截线中的一种;但是当问题涉及更多条直线时,他并未着手去确定、描述或解释所求的线的性质。他只是进而说,古代人了解它们之中的一种,他们曾说明它是有用的,似乎是最简单的,可是并不是最重要的。这一说法促使我来做一番尝试,看能否用我自己的方法达到他们曾达到过的境界。

## 解帕普斯问题

首先,我发现如果问题中只考虑三条、四条或五条直线,那么为了找出所求的点,利用初等几何就够了,即只需要使用直尺和圆规,并应用我已解释过的那些原理;当然五条线皆平行的情形除外。对于这个例外,以及对于给定了六条、七条、八条或九条直线的情形,总可以利用有关立体轨迹的几何来找出所求的点,这是指利用三种圆锥截线中的某一种;同样,此时也有例外,即九条直线皆平行的情形。对此例外及给定十条、十一条、十二条或十三条直线的情形,依靠次数仅比圆锥截线高的曲线便可找出所求的点。当然,十三条线皆平行的情形必须除外,对于它以及十四条、十五条、十六条和十七条直线的情形,必须利用次数比刚提到的曲线高一次的曲线;余者可以此无限类推。

其次,我发现当给定的直线只有三条或四条时,所求的点不仅会出现全体都落在一条圆锥截线上的情形,而且有时会落在一个圆的圆周上,甚或落在一条直线上。

当有五条、六条、七条或八条直线时,所求的点落在次数仅比圆锥截线高一次的曲线上,我们能够想象这种满足问题条件的曲线;当然,所求的点也可能落在一条圆锥截线上、一个圆上或一条直线上。如果有九条、十条、十一条或十二条直线,所求曲线又比前述曲线高一次,那正是这种曲线可能符合要求。余者可以此无限类推。

最后,紧接在圆锥截线之后的最简单的曲线是由双曲线和直线以下面将描述的方式相交而生成的。

我相信,通过上述办法,我已完全实现了帕普斯告诉我们的、古代人所追求的目标。我将试图用几句话加以论证,耗费过多的笔墨已使我厌烦了。

令 $AB, AD, EF, GH\cdots\cdots$ 是任意多条位置确定的直线,求点 $C$,使得由它引出的直线段 $CB, CD, CF, CH\cdots\cdots$ 与给定直线分别成给定的角 $CBA, CDA, CFE, CHG\cdots\cdots$ 并且,它们中的某几条的线段乘积等于其余几条的乘积,或至少使这两个乘积形成一给定的比,这后一个条件并不增加问题的难度。(图1.5)

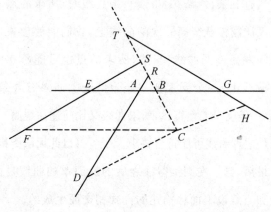

图 1.5

**我们应如何选择适当的项以得出该问题的方程**

首先,我假设事情已经做完;但因直线太多会引起混乱,我可以先把事情简化,即考虑给定直线中的一条和所引直线段中的一条(例如 $AB$ 和 $BC$)作为主线,对其余各线,我将参考它们去做。称直线 $AB$ 在 $A$ 和 $B$ 之间的线段为 $x$,称 $BC$ 为 $y$。倘若给定的直线都不跟主线平行,则将它们延长以与两条主线(如需要也应延长)相交。于是,从图(图 1.6)上可见,给定的直线跟 $AB$ 交

于点 $A,E,G$,跟 $BC$ 交于点 $R,S,T$。

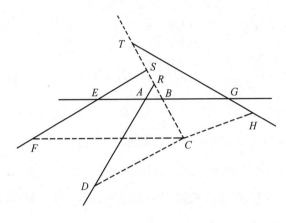

**图 1.6**①

因三角形 $ARB$ 的所有角都是已知的,故边 $AB$ 和 $BR$ 的比也可知。若我们令 $AB:BR=z:b$,因 $AB=x$,我们有 $RB=\dfrac{bx}{z}$;又因 $B$ 位于 $C$ 和 $R$ 之间,我们有 $CR=y+\dfrac{bx}{z}$。$\left(\text{当 }R\text{ 位于 }C\text{ 和 }B\text{ 之间时},CR=y-\dfrac{bx}{z};\text{当 }C\text{ 位}\right.$于 $B$ 和 $R$ 之间时,$\left.CR=-y+\dfrac{bx}{z}\right)$。

---

又,三角形 $DRC$ 的三个角是已知的,因此可以确定边 $CR$ 和 $CD$ 的比,记这个比为 $z : c$,因 $CR = y + \dfrac{bx}{z}$,我们有 $CD = \dfrac{cy}{z} + \dfrac{bcx}{z^2}$。那么,由于直线 $AB,AD$ 和 $EF$ 的位置是确定的,故从 $A$ 到 $E$ 的距离已知。若我们称这段距离为 $k$,那么 $EB = k + x$;虽然当 $B$ 位于 $E$ 和 $A$ 之间时,$EB = k - x$,而当 $E$ 位于 $A$ 和 $B$ 之间时,$EB = -k + x$。

现在,三角形 $ESB$ 的各角已知,$BE$ 和 $BS$ 的比也可知,我们称这个比为 $z : d$。于是

$$BS = \frac{dk + dx}{z}, CS = \frac{zy + dk + dx}{z}。$$

当 $S$ 位于 $B$ 和 $C$ 之间时,我们有

$$CS = \frac{zy - dk - dx}{z},$$

而当 $C$ 位于 $B$ 和 $S$ 之间时,我们有

$$CS = \frac{-zy + dk + dx}{z}。$$

三角形 $FSC$ 的各角已知,因此,$CS$ 和 $CF$ 的比也可知,记作 $z : e$。于是,

$$CF = \frac{ezy + dek + dex}{z^2}。$$

同样地，$AG$ 或 $l$ 为已知，$BG = l - x$。在三角形 $BGT$ 中，$BG$ 和 $BT$ 的比，或者说 $z:f$ 为已知。因此，$BT = \dfrac{fl - fx}{z}$，$CT = \dfrac{zy + fl - fx}{z}$。在三角形 $TCH$ 中，$TC$ 和 $CH$ 的比，或者说 $z:g$ 也可知，故

$$CH = \frac{gzy + fgl - fgx}{z^2}。$$

于是，你们看到，无论给定多少条位置确定的直线，过点 $C$ 与这些直线相交成给定角的任何直线段的长度，总可以用三个项来表示。其一由某个已知量乘或除未知量 $y$ 所组成；另一项由另外某个已知量乘或除未知量 $x$ 所组成；第三项由已知量组成。我们必须注意例外，即，给定的直线跟 $AB$ 平行（此时含 $x$ 的项消失），或跟 $CB$ 平行（此时含 $y$ 的项消失）的情形。这种例外情形十分简单，无须进一步解释。在每一种可以想象到的组合中，这些项的符号或是＋或是－。

你还能看出，在由那些线段中的几条作出的乘积

中,任一含 $x$ 或 $y$ 的项的次数不会比被求积的线段(由 $x$ 和 $y$ 表示)的数目大。所以,若两条线段相乘,没有一个项的次数会高于 2;若有三条线段,项的次数不会高于 3;以此类推,无一例外。

## 当给定的直线不超过五条时,
## 我们如何知道相应的问题是平面问题

进而,为确定点 $C$,只需一个条件,即某些线段的积与其他某些线段的积,或者相等,或者(也是相当简单的)它们的比为一给定的值。由于这个条件可以用含有两个未知量的一个方程表示,所以我们可以随意给 $x$ 或 $y$ 指定一个值,再由这个方程求出另一个的值。显然,当给定的直线不多于五条时,量 $x$——它不用来表示问题中原有的那些直线段——的次数绝不会高于 2。

给 $y$ 指定一个值,我们得 $x^2 = \pm ax \pm b^2$,因此 $x$ 可以借助直尺和圆规,按照已经解释过的方法作出。那么,若我们接连取无穷多个不同的线段 $y$ 的值,我们将得到无穷多个线段 $x$ 的值,因此就有了无穷多个不同的点 $C$,所求曲线便可由此画出。

这个方法也适用于涉及六条或更多直线的问题,如果其中某些直线跟 $AB$ 或 $BC$ 中的任一条平行的话;此时,或者 $x$、或者 $y$ 的次数在方程中只是 2,所以点 $C$ 可用直尺和圆规作出。

另外,若给定的直线都平行,即使问题仅涉及五条直线,点 $C$ 也不可能用这种办法求得。因为,由于量 $x$ 根本不在方程中出现,所以不再允许给 $y$ 指定已知的值,而必须去求出 $y$ 的值。又因为此时 $y$ 的项是三次的,其值只需求解一个三次方程的根便可得到,三次方程的根一般不用某种圆锥截线是不能求得的。

进而,若给定的直线不超过几条,它们不是彼此平行的,那么方程总能写成次数不高于 4 的形式。这样的方程也总能够利用圆锥截线,并按照我将要解释的方法去求解。

若直线的数目不超过 13,则可利用次数不超过 6 的方程,它的求解可依靠只比圆锥截线的次数高一次的曲线,并按照将要解释的方法去做。

至此,我已完成了必须论证的第一部分内容,但在进入第二部分之前,还必须一般性地阐述一下曲线的性质。

# 第2章　曲线的性质

## 哪些曲线可被纳入几何学

　　古代人熟悉以下事实,几何问题可分成三类,即平面的、立体的和线的问题。这相当于说,一些问题的作图只需要用到圆和直线,另一些需要圆锥截线,再有一些需要更复杂的曲线。然而,令我感到吃惊的是他们没有再继续向前,没有按不同的次数去区分那些更复杂的曲线;我也实在不能理解他们为什么把最后一类曲线称作机械的而不称作几何的。如果我们说,他们是因为必须用某种工具才能描绘出这种曲线而称其为机械的,那么为了协调一致,我们也必须拒绝圆和直线了,因为它们也必须用圆规和直尺才能在纸上画出来,而圆规、直尺也可以称作工具。我们也不能说因为其他工具比直尺和圆规复杂故而不精密;若这样认为,它们就该被排除出机械学领域,作图的精密性在那里甚至比在几何中更重要。在几何中,我们只追求推理的准确性,讨论这种曲线就像讨论更简单的曲线一样,都肯定是绝对严格的。我也不能相信是因为他们不愿意超越那两个公设,即:(1) 两点间可作一直线,(2) 绕给定的中心可作一圆过一给定的点。他们在讨论圆锥截线时,就毫不犹豫地引进了这样的假设:任一给定的圆锥可用给定的平面去截。现在,为了讨论本书引进的所有曲线,我想只需引入一条必要的假设,即两条或两条以上的线可以一条随一条地移动,并由它们的交点确定出其他曲线。这在我看来决不会更困难。

真的,圆锥截线被接纳进古代的几何,恐怕绝非易事,我也不关心去改变由习惯所认定的事物的名称;无论如何,我非常清楚地知道,若我们一般地假定几何是精密和准确的,那么机械学则不然;若我们视几何为科学,它提供关于所有物体的一般的度量知识,那么,我们没有权力只保留简单的曲线而排除复杂的曲线,倘若它们能被想象成由一个或几个连续的运动所描绘,后者中的每一个运动完全由其前面的运动所决定——通过这种途径，总可以得到涉及每一个运动的量的精确知识。

也许，古代几何学拒绝接受比圆锥截线更复杂的曲线的真正理由在于，首先引起他们注意的第一批这类曲线碰巧是螺线、割圆曲线以及类似的曲线，它们确实只归属于机械学，而不属于我在这里考虑的曲线之列，因为它们必须被想象成由两种互相独立的运动所描绘，而且这两种运动的关系无法被精确地确定。尽管他们后来考察过蚌线、蔓叶线和其他几种应该能被接受的曲线，但由于对它们的性质知之不多，相比于其他曲线，他们并没有对它们给予更多的思考。另一方面，他们可能对圆锥截线所知不多，也不了解直尺和圆规的许多可能的作图，因此还不敢去做更困难的事情。我希望从今以后，凡能巧妙地使用这里提到的几何方法的人，不会在应用它们解决平面或立体问题时遇到大的困难。因此，我认为提出这一内容更加广泛的研究方向是适宜的，它将为实践活动提供巨大的机会。

考虑直线 $AB,AD,AF$ 等，我们假设它们可由工具 $YZ$ 所描绘。该工具由几把直尺按下述方式绞接在一起组合而成:沿直线 $AN$ 放置 $YZ$,角 $XYZ$ 的大小可增可减,它的边集拢后,点 $B$,$C$,$D$,$E$,$F$,$G$,$H$ 全跟 $A$ 重合;而当角的尺寸增加时,跟 $XY$ 在点 $B$ 固定成直角的直尺 $BC$,将直尺 $CD$ 向 $Z$ 推进,$CD$ 沿 $YZ$ 滑动时始终与它保持成直角。类似地,$CD$ 推动 $DE$,后者沿 $XY$ 滑动时始终与 $BC$ 平行;$DE$ 推动 $EF$;$EF$ 推动 $FG$;$FG$ 推动 $GH$;等等。于是,我们可以想象有无穷多把尺子,一个推动另一个,其中有一半跟 $XY$ 保持相等的角度,其余的跟 $YZ$ 保持相等的角度。(图 2.1)

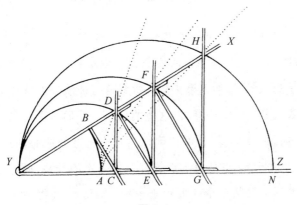

图 2.1

当角 $XYZ$ 增加时,点 $B$ 描绘出曲线 $AB$,它是圆;其他直尺的交点,即点 $D$,$F$,$H$ 描绘出另外的曲线 $AD$,

$AF,AH$，其中，后两条比第一条复杂，第一条比圆复杂。无论如何，我没有理由说明为什么不能像想象圆的描绘那样，清晰明了地想象那第一条曲线，或者，至少它能像圆锥截线一样明白无误；同样，为什么这样描绘出的第二条、第三条，以至其他任何一条曲线不能如想象第一条那样清楚呢；因此，我没有理由在解几何问题时不一视同仁地使用它们。

## 区分所有曲线的类别，以及掌握
## 它们与直线上点的关系的方法

我可以在这里给出其他几种描绘和想象一系列曲线的方法，其中每一条曲线都比它前面的任一条复杂，但是我想，认清如下事实是将所有这些曲线归并在一起并依次分类的最好办法：这些曲线——我们可以称之为"几何的"，即它们可以精确地度量——上的所有的点，必定跟直线上的所有的点具有一种确定的关系，而且这种关系必须用单个的方程来表示。若这个方程不包含次数高于两个未知量所形成的矩形或一个未知量的平方的项，则曲线属于第一类，即最简单的类，它只包括圆、抛物线、双曲线和椭圆；若该方程包含一项或多项两个未知量中的一个或两个的三次或四次的项（因方程需要两个未知量来表示两点间的关系），则曲线属于第二类；若方程包含未知量中的一个或两个的五次或六次的项，则曲线属于第三类；以此类推。

设 $EC$ 是由直尺 $GL$ 和平面直线图形 $CNKL$ 的交点所描绘出的曲线（图 2.2）；直线图形的边 $KN$ 可朝 $C$ 的方向任意延长，图形本身以如下方式在同一平面内移动：其边 $KL$ 永远跟直线 $BA$（朝两个方向延长）的某个部分相重，并使直尺 $GL$ 产生绕 $G$ 的转动（该直尺与图形 $CNKL$ 在 $L$ 处铰接）。当我想弄清楚这条曲线属于哪一类时，我要选定一条直线，比如 $AB$，作为曲线上所有点的一个参照物；并在 $AB$ 上选定一个点 $A$，由此出发开始研究。我在这里可以说"选定这个选定那个"，因为我们有随意选择的自由；若为了使所得到的方程尽可能地短小和简单，我们在做选择时必须小心，但不论我选哪条线来代替 $AB$，都可以证明所得曲线永远属于同一类，而且证明并不困难。

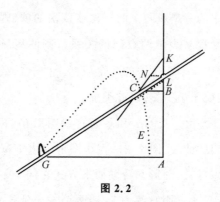

**图 2.2**

　　然后,我在曲线上任取一点,比如 $C$,我们假设用以描绘曲线的工具经过这个点。我过 $C$ 画直线 $CB$ 平行于 $GA$。(图 2.3)因 $CB$ 和 $BA$ 是未知的和不确定的量,我称其中之一为 $y$,另一个为 $x$。为了得到这些量之间的关系,我还必须考虑用以决定该曲线作图的一些已知量,比如 $GA$,我称之为 $a$;$KL$,我称之为 $b$;平行于 $GA$ 的 $NL$,我称之为 $c$。于是,我说 $NL$ 比 $LK$(即 $c$ 比 $b$)等于 $CB$(即 $y$)比 $BK$,因此 $BK$ 等于 $\dfrac{b}{c}y$。故 $BL$ 等于 $\dfrac{b}{c}y-b$,$AL$ 等于 $x+\dfrac{b}{c}y-b$。进而,$CB$ 比 $LB\left(\text{即 }y\text{ 比}\right.$ $\dfrac{b}{c}y-b\Big)$ 等于 $AG$(或 $a$)比 $LA$(或 $x+\dfrac{b}{c}y-b$)。用第

三项乘第二项,我们得 $\dfrac{ab}{c}y-ab$,它等于 $xy+\dfrac{b}{c}y^2-by$,

后者由最后一项乘第一项而得。所以,所求方程为

$$y^2=cy-\frac{cx}{b}y+ay-ac。$$

根据这个方程,我们知曲线 $EC$ 属于第一类,事实上它是双曲线。

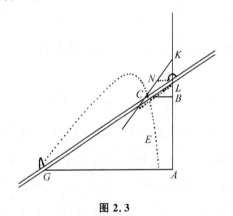

**图 2.3**

若将上述描绘曲线的工具中的直线图形 $CNK$ 用位于平面 $CNKL$ 的双曲线或其他第一类曲线替代,则该曲线与直尺 $GL$ 的交点描绘出的将不是双曲线 $EC$,而是另一种属于第二类的曲线。

于是,若 $CNK$ 是中心在 $L$ 的圆,我们将描绘出古

代人可知的第一条蚌线;若利用以 $KB$ 为轴的抛物线,我们将描绘出我已提到过的最主要的也是最简单的曲线,它们属于帕普斯问题所求的解,即当给定五条位置确定的直线时的解。

若利用一条位于平面 $CNKL$ 上的第二类曲线来代替上述第一类曲线,我们将描绘出一条第三类曲线;而要是利用一条第三类曲线,则将得到一条第四类曲线,以此类推,直至无穷。上述论断不难通过具体计算加以证明。

无论如何,我们可以想象已经描绘出一条曲线,它是我称之为几何曲线中的一条;用这种方法,我们总能找到足以决定曲线上所有点的一个方程。现在,我要把其方程为四次的曲线跟其方程为三次的曲线归在同一类中;把其方程为六次的曲线跟其方程为五次的曲线归在一类;余者类推。这种分类基于以下事实:存在一种一般的法则,可将任一四次方程化为三次方程,任一六次方程化为五次方程,所以,无须对每一情形中的前者作比后者更繁复的考虑。

然而,应该注意到,对任何一类曲线,虽然它们中有许多具有同等的复杂性,故可用来确定同样的点,解决同样的问题,可是也存在某些更简单的曲线,它们的使用范围也更有限。在第一类曲线中,除了具有同等复杂性的椭圆、双曲线和抛物线,还有圆——它显然是较为简单的曲线;在第二类曲线中,我们有普通的蚌线,它是由圆和另外一些曲线描绘的,尽管它比第二类中的许多曲线简单,但并不能归入第一类。

## 对上一章提到的帕普斯问题的解释

在对一般的曲线分类之后,我很容易来论证我所给出的帕普斯问题的解。因为,首先我已证明当仅有三条或四条直线时,用于确定所求点的方程是二次的。由此可知,包含这些点的曲线必属于第一类,其理由是这样的方程表示第一类曲线上的所有点和一条固定直线上的所有点之间的关系。当给定直线不超过八条时,方程至多是四次的,因此所得曲线属于第二类或第一类。当给定直线不超过十二条时,方程是六次或更低次的,因此所求曲线属于第三类或更低的类。其他情形可以此类推。

此外,就每一条给定直线而言,它可以占据任一处可能想象得到的位置,又因为一条直线位置的改变会相应地改变那些已知量的值及方程中的符号＋与－,所以很清楚,没有一条第一类曲线不是四线问题的解,没有一条第二类曲线不是八线问题的解,没有一条第三类曲线不是十二线问题的解,等等。由此可知,凡能得到其方程的所有几何曲线,无一不能作为跟若干条直线相联系的问题的解。

## 仅有三线或四线时该问题的解

现在需要针对只有三条或四条给定直线的情形做更具体的讨论,对每个特殊问题给出用于寻找所求曲线的方法。这一研究将表明,第一类曲线仅包含圆和三种圆锥截线。

再次考虑如前给定的四条直线 $AB$,$AD$,$EF$ 和 $GH$,求点 $C$ 描出的轨迹,使得当过点 $C$ 的四条线段 $CB$,$CD$,$CF$ 和 $CH$ 与给定直线成定角时,$CB$ 和 $CF$ 的积等于 $CD$ 和 $CH$ 的积。(图 2.4)

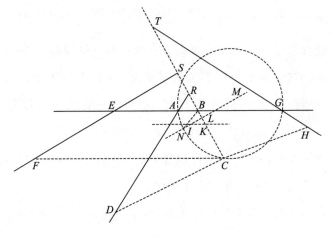

**图 2.4**

这相当于说：若

$$CB = y,$$

$$CD = \frac{czy + bcx}{z^2},$$

$$CF = \frac{ezy + dek + dex}{z^2},$$

及 $$CH = \frac{gzy + fgl - fgx}{z^2}, ①$$

于是，方程为

---

$$y^2 = \frac{(cfglz - dekz^2)y - (dez^2 + cfgz - bcgz)xy + bcfglx - bcfgx^2}{ez^3 - cgz^2}$$

此处假定 $ez$ 大于 $cg$；否则所有的＋和－符号都必须调换。在这个方程中，若 $y$ 为零或比虚无还小[①]，并假定点 $C$ 落在角 $DAG$ 的内部，那么为导出这一结论，必须假定 $C$ 落在角 $DAE$，$EAR$ 或 $RAG$ 中的某一个之内，且要将符号改变。若对这四种位置中的每一个，$y$ 都等于零，则问题在所指明的情形下无解。

让我们假定解可以得到；为了简化推导，让我们以 $2m$ 代替 $\dfrac{cfglz - dekz^2}{ez^3 - cgz^2}$，以 $\dfrac{2n}{z}$ 代替 $\dfrac{dez^2 + cfgz - bcgz}{ez^3 - cgz^2}$。于是，我们有

$$y^2 = 2my - \frac{2n}{z}xy + \frac{bcfglx - bcfgx^2}{ez^3 - cgz^2},$$

其根为

$$y = m - \frac{nx}{z} + \sqrt{m^2 - \frac{2mnx}{z} + \frac{n^2x^2}{z^2} + \frac{bcfglx - bcfgx^2}{ez^3 - cgz^2}}。$$

还是为了简洁，记 $-\dfrac{2mn}{z} + \dfrac{bcfgl}{ez^3 - cgz^2}$ 为 $o$，$\dfrac{n^2}{z^2} - \dfrac{bcfg}{ez^3 - cgz^2}$ 等

---

① 笛卡儿在此处的用词是"moindre que rien"，意为"比虚无还小"，即现代术语"负的"意思。——译者注

于 $\dfrac{p}{m}$；对于这些已给定的量，我们可随意按某一种记号

来表示它们。于是，我们有

$$y = m - \frac{n}{z}x + \sqrt{m^2 + ox + \frac{p}{m}x^2}。$$

　　这就给出了线段 $BC$ 的长度，剩下 $AB$ 或 $x$ 是尚未确定的。因为现在的问题仅涉及三条或四条直线，显然，我们总可得到这样的一些项，尽管其中某些可能变成零，或者符号可能完全变了。

　　接着，我作 $KI$ 平行且等于 $BA$，在 $BC$ 上截取一段 $BK$ 等于 $m$（因 $BC$ 的表示式含 $+m$；若它是 $-m$，我将在 $AB$ 的另一边作 $IK$；而当 $m$ 是零时，我就根本不去画出 $IK$）。我再作 $IL$，使得 $IK : KL = z : n$；即，使得当 $IK$ 等于 $x$ 时，$KL$ 等于 $\dfrac{n}{z}x$。（图 2.5）

　　用同样的方法，我可以知道 $KL$ 和 $IL$ 的比，称为 $n : a$，所以，若 $KL$ 等于 $\dfrac{n}{z}x$，则 $IL$ 等于 $\dfrac{a}{z}x$。因为该方程含有 $-\dfrac{n}{z}x$，我可在 $L$ 和 $C$ 之间取点 $K$；若方程所含

为 $+\dfrac{n}{z}x$，我就应该在 $K$ 和 $C$ 之间取 $L$；而当 $\dfrac{n}{z}x$ 等于零时，我就不画出 $IL$ 了。

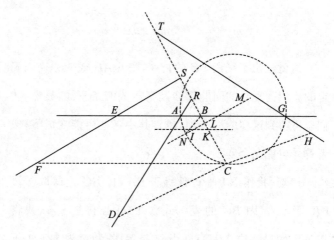

**图 2.5**

做完上述工作，我就得到表达式

$$LC = \sqrt{m^2 + ox + \frac{p}{m}x^2}\,,$$

据此可画出 $LC$。很清楚，若此式为零，点 $C$ 将落在直线 $IL$ 上；若它是个完全平方，即 $m^2$ 和 $\dfrac{p}{m}x^2$ 两者皆为 $+$ 而 $o^2$ 等于 $4pm$，或者 $m^2$ 和 $ox$（或 $ox$ 和 $\dfrac{p}{m}x^2$）皆为零，则点 $C$

落在另一直线上,该直线的位置像 $IL$ 一样容易确定。

若无这些例外情形发生,点 $C$ 总是或者落在三种圆锥截线的一种之上,或是落在某个圆上,该圆的直径在直线 $IL$ 上,并有直线段 $LC$ 齐整地附在这条直径上[1],另一方面,直线段 $LC$ 与一条直径平行,而 $IL$ 齐整地附在它上面。

特别地,若 $\dfrac{p}{m}x^2$ 这项为零,圆锥截线应是抛物线;若它前面是加号,则得双曲线;最后,若它前面是减号,则得一个椭圆。当 $a^2m$ 等于 $pz^2$ 而角 $ILC$ 是直角时出现例外情形,此时我们得到一个圆而非椭圆。

当圆锥截线是抛物线时,其正焦弦[2]等于 $\dfrac{oz}{a}$,其直径总是落在直线 $IL$ 上。为了找出它的顶点 $N$,作 $IN$ 等于 $\dfrac{am^2}{oz}$,使得 $m$ 为正并且 $ox$ 亦为正时,点 $I$ 落在 $L$ 和 $N$

---

[1]　原文称 $LC$ "appliquer par order à ce diamètre",英译本注说这表示 $LC$ 是 "An ordinate",意即纵标。——译者注

[2]　笛卡儿所用的词是 costé droit,英译本译作 latus rectum。——译者注

之间；而当 $m$ 为正并且 $ox$ 为负时，$L$ 落在 $I$ 和 $N$ 之间；而当 $m^2$ 为负并且 $ox$ 为正时，$N$ 落在 $I$ 和 $L$ 之间。可是，当各个项像上面那样安排时，$m^2$ 不可能为负。最后，若 $m^2$ 等于零，点 $N$ 和 $I$ 必定相重。所以，根据阿波罗尼奥斯著作的第一篇中的第一个问题，很容易确定这是抛物线。

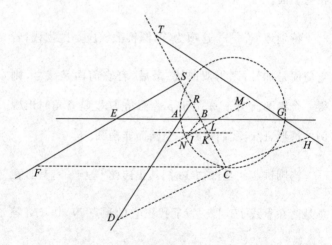

图 2.6

然而，当所求轨迹是圆、椭圆或双曲线时，必须首先找出图形的中心，点 $M$。（图 2.6）它总是落在直线 $IL$ 上，可以取 $IM$ 等于 $\dfrac{aom}{2pz}$ 而求得。若 $o$ 等于零，则 $M$ 和 $I$

相重。当所求轨迹是圆或椭圆时,若 $ox$ 项为正,则 $M$ 和 $L$ 必落在 $I$ 的同侧,而若 $ox$ 为负,则它们必落在异侧。另一方面,对于双曲线的情形,若 $ox$ 为负,则 $M$ 和 $L$ 落在 $I$ 的同侧。若 $ox$ 为正,则它们落在异侧。

当 $m^2$ 为正,且轨迹是圆或椭圆,或者 $m^2$ 为负而轨迹是双曲线时,图形的正焦弦必定为

$$\sqrt{\frac{o^2z^2}{a^2}+\frac{4mpz^2}{a^2}}\text{。}$$

而当所求轨迹是圆或椭圆,且 $m^2$ 为负时,或者轨迹是双曲线,$o^2$ 大于 $4mp$,且 $m^2$ 为正时,它必定为

$$\sqrt{\frac{o^2z^2}{a^2}-\frac{4mpz^2}{a^2}}\text{。}$$

但是,若 $m^2$ 等于零,则正焦弦为 $\frac{oz}{a}$;又若 $oz$ 等于零,则它为

$$\sqrt{\frac{4mpz^2}{a^2}}\text{。}$$

为得到相应的直径,必须找出跟正焦弦之比为 $\frac{a^2m}{pz^2}$ 的直线;即,若正焦弦为

$$\sqrt{\frac{o^2z^2}{a^2}+\frac{4mpz^2}{a^2}},$$

直径应为

$$\sqrt{\frac{a^2o^2m^2}{p^2z^2}+\frac{4a^2m^3}{pz^2}}。$$

无论哪一种情形,该圆锥截线的直径都落在 $IM$ 上,$LC$ 是齐整地附于其上的线段之一。可见,取 $MN$ 等于直径的一半,并取 $N$ 和 $L$ 在 $M$ 的同侧,则点 $N$ 将是这条直径的端点。所以,根据阿波罗尼奥斯著作第一篇中的第二个和第三个问题,确定这条曲线是轻而易举的事。

若轨迹是双曲线且 $m^2$ 为正,则当 $o^2$ 等于零或小于 $4pm$ 时,我们必须从中心 $M$ 引平行于 $LC$ 的直线 $MOP$ 及平行于 $LM$ 的 $CP$(图 2.7),并取 $MO$ 等于

$$\sqrt{m^2-\frac{o^2m}{4p}};$$

而当 $ox$ 等于零时,必须取 $MO$ 等于 $m$。考虑 $O$ 为这条双曲线的顶点,直径是 $OP$,齐整地附于其上的线段是 $CP$,其正焦弦为

$$\sqrt{\frac{4a^4m^4}{p^2z^4}-\frac{a^4o^2m^3}{p^3z^4}},$$

其直径为

$$\sqrt{4m^2 - \frac{o^2 m}{p}} \, 。$$

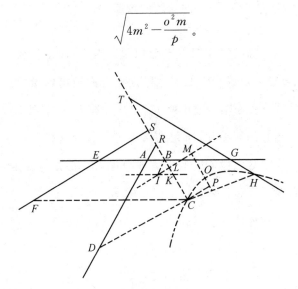

**图 2.7**

　　我们必须考虑 $ox$ 等于零这种例外情形,此时正焦

弦为 $\dfrac{2a^2 m^2}{pz^2}$,直径为 $2m$。从这些数据出发,根据阿波罗

尼奥斯著作的第一篇中的第三个问题,可以确定这条

曲线。

## 对该解的论证

以上陈述的证明都十分简单。因为,像正焦弦、直径、直径 $NL$ 或 $OP$ 上的截段这些上面给出的量,使用阿波罗尼奥斯第一篇中的定理 11、定理 12 和定理 13 就能作出它们的乘积,所得结果将正好包含这样一些项,它们表示直线段 $CP$ 的平方或者说 $CL$,那是直径的纵标线①。

在这种情形下,我们应从 $NM$ 或者说从跟它相等的量

$$\frac{am}{2pz}\sqrt{o^2+4mp}$$

中除去 $IM$,即 $\frac{aom}{2pz}$。在余下的 $IN$ 上加 $IL$,或者说加 $\frac{a}{z}x$,我们得

$$NL=\frac{a}{z}x-\frac{aom}{2pz}+\frac{am}{2pz}\sqrt{o^2+4mp}。$$

---

① 笛卡儿原著中未用"纵标"这个词,而使用"appliguée par order..."形容具有此性质的线段。英译本从此处起将此种线段意译为"纵标",我们则译为"纵标线"。——译者注

以该曲线的正焦弦 $\dfrac{z}{a}\sqrt{o^2+4mp}$ 乘上式,我们得一矩形的值

$$x\sqrt{o^2+4mp}-\dfrac{om}{2p}\sqrt{o^2+4mp}+\dfrac{mo^2}{2p}+2m^2,$$

并从中减去一个矩形,该矩形与 $NL$ 的平方之比等于正焦弦与直径之比。$NL$ 的平方为

$$\dfrac{a^2}{z^2}x^2-\dfrac{a^2om}{pz^2}x+\dfrac{a^2m}{pz^2}x\sqrt{o^2+4mp}$$

$$+\dfrac{a^2o^2m^2}{2p^2z^2}+\dfrac{a^2m^3}{pz^2}-\dfrac{a^2om^2}{2p^2z^2}\sqrt{o^2+4mp}。$$

因为这些项表示直径与正焦弦之比,我们可用 $a^2m$ 除上式,并以 $pz^2$ 乘所得的商,结果为

$$\dfrac{p}{m}x^2-ox+x\sqrt{o^2+4mp}+\dfrac{o^2m}{2p}-\dfrac{om}{2p}\sqrt{o^2+4mp}+m^2。$$

我们再从上面所得的矩形中减去此量,于是 $CL$ 的平方等于 $m^2+ox-\dfrac{p}{m}x^2$。由此可得,$CL$ 是附于直径的截段 $NL$ 上的椭圆或圆的纵标线。

设所有给定的量都以数值表示,如 $EA=3,AG=5$,

$AB=BR,BS=\dfrac{1}{2}BE,GB=BT,CD=\dfrac{3}{2}CR,CF=2CS$,

$CH = \dfrac{2}{3}CT$，角 $ABR = 60°$；并令 $CB \cdot CF = CD \cdot CH$。

如果要使问题完全确定，所有这些量都必须是已知的。

现令 $AB = x, CB = y$。用上面给出的方法，我们将得到

$$y^2 = 2y - xy + 5x - x^2;$$

$$y = 1 - \frac{1}{2}x + \sqrt{1 + 4x - \frac{3}{4}x^2};$$

此时 $BK$ 必须等于 $1, KL$ 必须等于 $KI$ 的二分之一；因为角 $IKL$ 和 $ABR$ 都是 $60°$，而角 $KIL$（它等于角 $KIB$ 或 $IKL$ 的一半）是 $30°$，故角 $ILK$ 是直角。

因为 $IK = AB = x, KL = \dfrac{1}{2}x, IL = x\sqrt{\dfrac{3}{4}}$，上面以 $z$ 表示的量为 $1$，我们得

$$a = \sqrt{\frac{3}{4}}, m = 1, o = 4, p = \frac{3}{4},$$

由此可知

$$IM = \sqrt{\frac{16}{3}}, NM = \sqrt{\frac{19}{3}};$$

又因 $a^2 m\left(\text{它为}\dfrac{3}{4}\right)$ 等于 $pz^2$，角 $ILC$ 是直角，由此导出曲线 $NC$ 是圆。（图 2.8）对其他任何一种情形的类似讨论，不会产生困难。

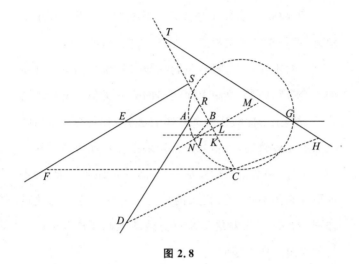

**图 2.8**

## 平面与立体轨迹,以及求解它们的方法

由于所有不高于二次的方程都已包括在上述讨论之中,所以,我们不仅完全解决了古代人有关三线与四线的问题,而且完全解决了他们所谓的立体轨迹的作图问题;这自然又解决了平面轨迹的作图问题,因为后者包含在立体轨迹之中。解任何这类轨迹问题,无非是去找出一种状态所要求的一个完全确定的点,整条线上所有的点满足其他状态所提出的要求(正如已举的例子所

表明的那样）。如果这条线是直线或圆，就说它是平面轨迹；但如果它是抛物线、双曲线或椭圆，就称它是立体轨迹。对于每一种情形，我们都能得到包含两个未知量的一个方程，它完全跟上面找出的方程类似。若所求的点位于其上的曲线比圆锥截线的次数高，我们同样可称之为超立体轨迹，余者类推。如果在确定那个点时缺少两个条件，那么点的轨迹是一个面，它可能是平面、球面或更复杂的曲面。古代人的努力没有超越立体轨迹的作图；看来，阿波罗尼奥斯写他的圆锥截线论著的唯一目的是解立体轨迹问题。

我已进一步说明了，我称作第一类曲线的只包括圆、抛物线、双曲线和椭圆。这就是我所论证的内容。

## 对五线情形解这一古代问题
## 所需曲线中最基本、最简单的曲线

若古代人所提出的问题涉及五条直线，而且它们全都平行，那么很显然，所求的点将永远落在一条直线上。假设所提问题涉及五条直线，而且要求满足如下条件：

（1）这些直线中的四条平行，第五条跟其余各条垂直；

(2) 从所求点引出的直线与给定的直线成直角；

(3) 由所引的与三条平行直线相交的三条线段作成的平行六面体必须等于另三条线段作成的平行六面体，它们是所引的与第四条平行线相交的线段、所引的与垂直直线相交的线段，以及某条给定的线段。

除了前面指出的例外情况，这就是最简单的可能情形了。所求的点将落在由抛物线以下述方式运动所描出的曲线上(图 2.9)：

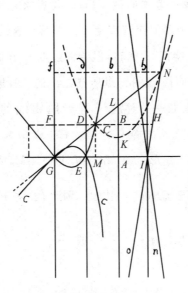

图 2.9

令所给直线为 $AB,IH,ED,GF$ 和 $GA$。设所要找的点为 $C$，使得当所引的 $CB,CF,CD,CH$ 和 $CM$ 分别垂直于给定直线时，三条线段 $CF,CD$ 和 $CH$ 作成的平行六面体应等于另两条线段 $CB,CM$ 跟第三条线段 $AI$ 所作成的平行六面体。令 $CB=y,CM=x,AI=AE=GE=a$；因此，当 $C$ 位于 $AB$ 和 $DE$ 之间时，我们有 $CF=2a-y$，$CD=a-y,CH=y+a$。将三者相乘，我们得到 $y^3-2ay^2-a^2y+2a^3$ 等于其余三条线段的积，即等于 $axy$。

接着，我将考虑曲线 $CEG$。我想象它是由抛物线 $CKN$（让它运动但使其直径 $KL$ 总落在直线 $AB$ 上）和直尺 $GL$（它绕点 $G$ 旋转，但始终过点 $L$ 并保持在抛物线所在的平面内[①]）的交点所描绘出的。我取 $KL$ 等于 $a$，令主正焦弦——对应于所给抛物线的轴的正焦弦——也等于 $a$，并令 $GA=2a$，$CB$ 或 $MA=y$，$CM$ 或 $AB=x$。因三角形 $GMC$ 和 $CBL$ 相似，$GM$（或 $2a-y$）比 $MC$（或 $x$）等于 $CB$（或 $y$）比 $BL$，因此 $BL$ 等于 $\dfrac{xy}{2a-y}$。因 $KL$ 为 $a$，故 $BK$ 为 $a-\dfrac{xy}{2a-y}$ 或 $\dfrac{2a^2-ay-xy}{2a-y}$。最后，因

---

① 注意，点 $L$ 将随抛物线的运动而变换位置。——译者注

这同一个 $BK$ 又是抛物线直径上的截段，$BK$ 比 $BC$（它的纵坐线）等于 $BC$ 比 $a$（即正焦弦）。由此，我们得到 $y^3 - 2ay^2 - a^2y + 2a^3 = axy$，故 $C$ 即所求的点。

首先，点 $C$ 可以在曲线 $CEG$，或它的伴随曲线 $cEGc$ 的任何部分之上取定；后一曲线的描绘方式，除了令抛物线的顶点转到相反的方向之外，其余都和前者相同；点 $C$ 也可以落在它们的配对物 $NIo$ 和 $nIO$ 上，$NIo$ 和 $nIO$ 由直线 $GL$ 和抛物线 $KN$ 的另一支的交点所生成。（图 2.10）

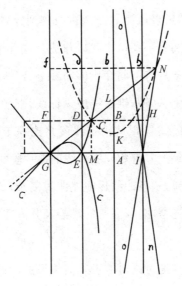

图 2.10

其次,设给定的平行线 $AB$, $IH$, $ED$ 和 $GF$ 彼此之间的距离互不相等,且不与 $GA$ 垂直,而过 $C$ 的直线段与给定直线亦不成直角。在这种情形下,点 $C$ 将不会永远落在恰好具有同样性质的曲线上。甚至对于没有两条给定直线是平行的情形,也可能导致这种后果。

再次,设我们有四条平行直线,第五条直线与它们相交,过点 $C$ 引出的三条线段(一条引向第五条直线,两条引向平行线中的两条)所作成的平行六面体等于另一平行六面体,后者由过 $C$ 所引的分别到达另两条平行线的两条线段和另一条给定线段作成。这种情形,所求点 $C$ 将落在一条具有不同性质的曲线上,即所有到其直径的纵标线等于一条圆锥截线的纵标线,直径上在顶点与纵标线之间的线段跟某给定线段之比等于该线段跟圆锥截线的直径上具有相同纵标线的那一段的比。

我不能说,这条曲线比前述曲线复杂;确实,我总觉得前者应首先考虑,因为它的描绘及其方程的确定多少要容易些。

我不再仔细讨论对应于其他情形的曲线,因为我一直没有对这课题进行完全的论述。由于已经解释过确

定落在任一曲线上的无穷多个点的方法,我想我已提供
了描绘这些曲线的方法。

## 经由找出其上若干点而描绘的几何曲线

值得一提的是,这种由求出曲线上若干点而描绘出
曲线的方法,跟用来描绘螺线及其类似曲线的方法有极
大差异;对于后者,并不是所求曲线上面的任何一点都
能随意求得的,可求出的只是这样一些点,它们能由比
作出整条曲线所需的办法更简单的方法所确定。因此,
严格地说,我不可能求出曲线上的任何一个点;亦即所
有要找的点中没有一个是曲线上的特殊点,它能不借助
曲线本身而求得。另一方面,这些曲线上不存在这样的
点,它能为无法使用我已给出的方法来解决的问题提供
解答。

## 可利用细绳描绘的曲线

但是,通过任意地取定曲线上的一些点而描绘出曲
线的方法,只适用于有规则的和连续的运动所生成的曲

线，这一事实并不能成为把它们排除出几何的正当理由。我们也不应该拒绝这样的方法，即，使用细绳或绳环以比较从所求曲线上的一些点到另外一些点间所引的两条或多条直线段是否相等，或用于跟其他直线作成固定大小的角。在《折光》一文中，我在讨论椭圆和双曲线时已使用了这种方法。

此外，几何不应包括像细绳那样有时直有时弯的线；由于我们并不知道直线与曲线之间的比，而且我相信这种比是人的智力所无法发现的，因此，不可能基于这类比而得出严格和精确的结论。无论如何，因为细绳还能用于仅需确定其长度为已知的线段的作图，所以不应被完全排除。

### 为了解曲线的性质，<br>必须知道其上的点与直线上的点的关系；<br>在各点引与该曲线成直角的曲线的方法

当一条曲线上的所有点和一条直线上的所有点之间的关系已知时，用我解释过的方法，我们很容易求得该曲线上的点和其他所有给定的点和线的关系，并从这些关

系求出它的直径、轴、中心和其他对该曲线有特殊重要性的线或点；然后再想出各种描绘该曲线的途径，并采用其中最容易的一种。

仅仅依靠这种方法，我们就可求得凡能确定的、有关它们的面积大小的量；对此，我没有必要做进一步的解释。

最后，曲线的所有其他的性质，仅依赖于所论曲线跟其他线相交而成的角。而两条相交曲线所成的角将像两条直线间的夹角一样容易度量，倘若可以引一条直线，使它与两曲线中的一条在两曲线交点处成直角的话。这就有理由使我相信，只要我给出一种一般的方法，能在曲线上任意选定的点引直线与曲线交成直角，我对曲线的研究就完备了。我敢说，这不仅是我所了解的几何中最有用的和最一般的问题，更是我一直祈求知道的问题。

**求一直线与给定曲线相交并成直角的一般方法**

设 $CE$ 是给定的曲线，要求过点 $C$ 引一直线与 $CE$ 成直角。假设问题已经解决，并设所求直线为 $CP$。延

长 $CP$ 至直线 $GA$，使 $CE$ 上的点和 $GA$ 上的点发生联系。
(图 2.11)

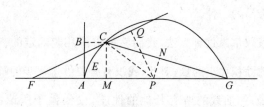

**图 2.11**

然后，令 $MA=CB=y$；$CM=BA=x$。我们必须找到一个方程来表示 $x$ 和 $y$ 的关系。我令 $PC=s$，$PA=v$，因此 $PM=v-y$。因 $PMC$ 是直角，我们便知斜边的平方 $s^2$ 等于两直角边的平方和 $x^2+v^2-2vy+y^2$。即

$$x=\sqrt{s^2-v^2+2vy-y^2},$$

或
$$y=v+\sqrt{s^2-x^2}。$$

依据最后两个方程，我可以从表示曲线 $CE$ 上的点跟直线 $GA$ 上的点之间关系的方程中，消去 $x$ 和 $y$ 这两个量中的一个。若要消去 $x$ 很容易，只要在出现 $x$ 的地方用 $\sqrt{s^2-v^2+2vy-y^2}$ 代替，$x^2$ 用此式的平方代替，$x^3$ 用它的立方代替……而若要消去 $y$，必须用 $v+\sqrt{s^2-x^2}$ 代

替 $y, y^2, y^3$ 则用此式的平方、立方代替,结果将得到仅含一个未知量 $x$ 或 $y$ 的方程。

例如,若 $CE$ 是个椭圆,$MA$ 是其直径上的截段,$CM$ 是其纵标线,$r$ 是它的正焦弦,$q$ 是它的贯轴(图 2.12),

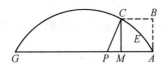

图 2.12

那么,据阿波罗尼奥斯著作第一篇中的定理 13,我们有

$x^2 = ry - \dfrac{r}{q}y^2$。消去 $x^2$,所得方程为

$$s^2 - v^2 + 2vy - y^2 = ry - \frac{r}{q}y^2,$$

或　　　　$$y^2 + \frac{qry - 2qvy + qv^2 - qs^2}{q - r} = 0。$$

在这一情形下,最好把整个式子看成是单一的表达式,而不要看成是由两个相等的部分组成的。

若 $CE$ 是由已讨论过的由抛物线的运动所生成的曲线(图 2.13),当我们用 $b$ 代表 $GA$,$c$ 代表 $KL$,$d$ 代表

抛物线的直径 $KL$ 的正焦弦时,表示 $x$ 和 $y$ 之间关系的
方程为

$$y^3 - by^2 - cdy + bcd + dxy = 0 \text{。}$$

消去 $x$,我们得

$$y^3 - by^2 - cdy + bcd + dy\sqrt{s^2 - v^2 + 2vy - y^2} = 0 \text{。}$$

将该式平方,各项按 $y$ 的次数排列,上式变为

$$y^6 - 2by^5 + (b^2 - 2cd + d^2)y^4 + (4bcd - 2d^2v)y^3$$
$$+ (c^2d^2 - d^2s^2 + d^2v^2 - 2b^2cd)y^2 - 2bc^2d^2y + b^2c^2d^2 = 0 \text{。}$$

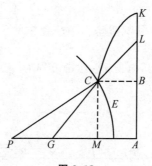

图 2.13

　　其他情形可类推。若所论曲线上的点不是按已解
释过的方式跟一条直线上的点相联系,而是按其他某种
方式相联系,那么也同样能找出一个方程。

令 $CE$ 是按如下方式与点 $F$、点 $G$ 和点 $A$ 相联系的曲线:从其上任一点(比如 $C$)引出的至 $F$ 的直线段超出线段 $FA$ 的量,与 $GA$ 超出由 $C$ 引至 $G$ 的线段的量,形成一个给定的比。(图 2.14)令 $GA=b$,$AF=c$;现在任取曲线上一点 $C$,令 $CF$ 超出 $FA$ 的量跟 $GA$ 超出 $GC$ 的量之比为 $d:e$。

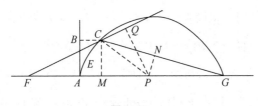

图 2.14

于是,若我们用 $z$ 表示尚未确定的量,那么,$FC=c+z$ 且 $GC=b-\dfrac{e}{d}z$。令 $MA=y$,则 $GM=b-y$,$FM=c+y$。因 $CMG$ 是直角三角形,从 $GC$ 的平方中减去 $GM$ 的平方,我们得到余下的 $CM$ 的平方,或

$$\frac{e^2}{d^2}z^2-\frac{2be}{d}z+2by-y^2。$$

其次,从 $FC$ 的平方中减去 $FM$ 的平方,我们得到另一

种方式表示的 $CM$ 的平方,即 $z^2+2cz-2cy-y^2$。这两个表达式相等,由此导出 $y$ 或 $MA$ 的值,它为

$$\frac{d^2z^2+2cd^2z-e^2z^2+2bdez}{2bd^2+2cd^2},$$

利用此值代替表示 $CM$ 平方的式子中的 $y$,我们得

$$CM^2=\frac{bd^2z^2+ce^2z^2+2bcd^2z-2bcdez}{bd^2+cd^2}-y^2。$$

如果我们现在在设直线 $PC$ 在点 $C$ 与曲线交成直角,并像以前一样,令 $PC=s$,$PA=v$,则 $PM=v-y$;又因 $PCM$ 是直角三角形,我们知 $CM$ 的平方为 $s^2-v^2+2vy-y^2$。让表示 $CM$ 平方的两个值相等,并以 $y$ 的值代入,我们便得所求的方程为

$$z^2+\frac{2bcd^2z-2bcdez-2cd^2vz-2bdevz-bd^2s^2+bd^2v^2-cd^2s^2+cd^2v^2}{bd^2+ce^2+e^2v-d^2v}=0。$$

已经找出的这个方程,其用处不是确定 $x$,$y$ 或 $z$,它们是已知的,因为点 $C$ 是取定了的;我们用它来求 $v$ 或 $s$,以确定所求的点 $P$。为达到此目的,请注意当点 $P$ 满足所要求的条件时,以 $P$ 为圆心并经过点 $C$ 的圆将与曲线 $CE$ 相切而不穿过它;但只要点 $P$ 离开它应在的位置而稍微靠近或远离 $A$,该圆必定穿过这条曲线,其

交点不仅有 $C$，而且还有另一个点。所以，当这个圆穿过 $CE$ 时，含有作为未知量的 $x$ 和 $y$ 的方程（设 $PA$ 和 $PC$ 为已知）必有两个不等的根。例如，假设该圆在点 $C$ 和点 $E$ 处穿过曲线。引 $EQ$ 平行于 $CM$。（图 2.15）

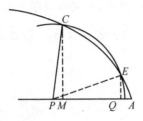

**图 2.15**

然后，可用 $x$ 和 $y$ 分别表示 $EQ$ 和 $QA$，正如它们曾被用来表示 $CM$ 和 $MA$ 一样；因为 $PE$ 等于 $PC$（同一个圆的半径），当我们寻求 $EQ$ 和 $QA$（假设 $PE$ 和 $PA$ 是给定的）时，我们应得到跟寻求 $CM$ 和 $MA$（假设 $PC$ 和 $PA$ 是给定的）时所得到的同样的方程。

由此可知，$x$ 的值，或 $y$ 的值，或任何其他一个这种量的值，在这个方程中都取双值，即，方程将有两个不相等的根。若求 $x$ 的值，则这两个根中的一个将是 $CM$，

另一个是 $EQ$；而若求 $y$ 的值，则一个根将是 $MA$，另一个是 $QA$。肯定，若 $E$ 不像 $C$ 那样跟曲线在同一侧，它们之中便只有一个是真根，另一个将画在相反的方向上，或者说它比虚无还小。然而，当点 $C$ 和点 $E$ 更靠近时，两根的差也就更小；当两个点重合时，两个根恰好相等，也就是说，过 $C$ 的圆将在点 $C$ 与曲线相切而不穿过它。（图 2.16）

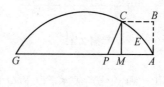

**图 2.16**

进而可知，当方程有两个相等的根时，方程的左端在形式上必定类似于这样的式子，即当已知量等于未知量时，它取未知量与已知量的差自乘的形式；那么，若最终所得的式子的次数达不到最初那个方程的次数，就可以用另一个式子来乘它，使之达到相同的次数。这最后一步使两个表达式得以一项一项地对应起来。

例如，我可以说，目前的讨论中找出的第一个方

程,即

$$y^2 + \frac{qry - 2qvy + qv^2 - qs^2}{q - r},$$

它必定跟如下方式得到的式子具有相同的形式:取 $e = y$,令 $(y - e)$ 自乘,即 $y^2 - 2ey + e^2$。然后,我们可以逐项比较这两个表达式:因为各式中的第一项 $y^2$ 相同,第一式中的第二项 $\frac{qry - 2qvy}{q - r}$ 等于第二式中的第二项 $-2ey$;由此可解出 $v$ 或 $PA$,我们得

$$v = e - \frac{r}{q}e + \frac{1}{2}r;$$

或者,因为我们已假定 $e$ 等于 $y$,故

$$v = y - \frac{r}{q}y + \frac{1}{2}r。$$

用同样的方法,我们可以从第三项 $e^2 = \frac{qv^2 - qs^2}{q - r}$ 来求 $s$;因为 $v$ 完全确定了 $P$,这就是所要求的一切,因此无须再往下讨论。

同样，对于上面求得的第二个方程<sup>①</sup>，即

$$y^6-2by^5+(b^2-2cd+d^2)y^4+(4bcd-2d^2v)y^3$$
$$+(c^2d^2-2b^2cd+d^2v^2-d^2s^2)y^2-2bc^2d^2y+b^2c^2d^2,$$

它必定跟用 $y^4+fy^3+g^2y^2+h^3y+k^4$ 乘 $y^2-2ey+e^2$

所得的式子具有相同的形式，后者形如

$$y^6+(f-2e)y^5+(g^2-2ef+e^2)y^4+(h^3-2eg^2+e^2f)y^3$$
$$+(k^4-2eh^3+e^2g^2)y^2+(e^2h^3-ek^4)y+e^2k^4.$$

从这两个方程出发可得到另外六个方程，用于确定六个量 $f,g,h,k,v$ 和 $s$。

容易看出，无论给定的曲线属于哪一类（又见图 2.17），这种方法总能提供跟所需考虑的未知量的数目一样多的方程。为了解这些方程，并最终求出我们真正想要得到的唯一的量 $v$ 的值（其余的仅是求 $v$ 的中间媒介），我们首先从第二项确定上述式中的第一个未知量 $f$，可得 $f=2e-2b$。然后，我们依据 $k^4=\dfrac{b^2c^2d^2}{e^2}$，可求得同一式中的最后一个未知量 $k$。从第三项，我们得到第二个量

---

① 笛卡儿常把方程写为一含未知量的多项式等于零的形式。此时，他会称等号左端的部分为"方程"。——译者注

$$g^2 = 3e^2 - 4be - 2cd + b^2 + d^2 。$$

由倒数第二项,我们得出倒数第二个量 $h$,它是

$$h^3 = \frac{2b^2c^2d^2}{e^3} - \frac{2bc^2d^2}{e^2} 。$$

同样,我们可循这样的次序做下去,直到求得最后一个量。

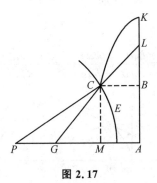

图 2.17

那么,我们从相应的一项(这里指第四项)可求得 $v$,我们有

$$v = \frac{2e^3}{d^2} - \frac{3be^2}{d^2} + \frac{b^2e}{d^2} - \frac{2ce}{d} + e + \frac{2bc}{d} + \frac{bc^2}{e^2} - \frac{b^2c^2}{e^3} ;$$

或者用等于 $e$ 的 $y$ 代入,我们得 $AP$ 的长度为

$$v = \frac{2y^3}{d^2} - \frac{2by^2}{d^2} + \frac{b^2y}{d^2} - \frac{2cy}{d} + y + \frac{2bc}{d} + \frac{bc^2}{y^2} - \frac{b^2c^2}{y^3} 。$$

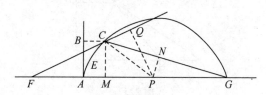

其次,第三个方程

$$z^2+\frac{2bcd^2z-2bcdez-2cd^2vz-2bdevz-bd^2s^2+bd^2v^2-cd^2s^2+cd^2v^2}{bd^2+ce^2+e^2v-d^2v}$$

跟 $z^2-2fz+f^2$(其中 $f=z$)具有相同的形式,所以 $-2f$ 或 $-2z$ 必须等于

$$\frac{2bcd^2-2bcde-2cd^2v-2bdev}{bd^2+ce^2+e^2v-d^2v},$$

由此可得

$$v=\frac{bcd^2-bcde+bd^2z+ce^2z}{cd^2+bde-e^2z+d^2z}。$$

图 2.18

因此,当我们取 $AP$ 等于上述的 $v$ 值时,其中所有的项都是已知的,并将由其确定的点 $P$ 跟 $C$ 相连,这条连线跟曲线交成直角,这正是所要求的。(图 2.18)我有充分的理由说,这样的解法适用于可应用几何方法求解的所有曲线。

应该注意,任意选定的、用来将最初的乘积达到所需次数的式子,如我们刚才取的式子

$$y^4 + fy^3 + g^2y^2 + h^3y + k^4,$$

其中的符号＋和－可以随意选定,而不会导致 $v$ 值或 $AP$ 的差异。这一结论很容易发现,不过,若要我来证明我使用的每一个定理,那需要写一本大部头的书,而这是我所不希望的。我宁愿顺便告诉你,你已经看到了有关这种方法的一个例子,它让两个方程具有相同的形式,以便逐项进行比较,从中又得到若干个方程。这种方法适用于无数其他的问题,是我的一般方法所具有的并非无足轻重的特征。

我将不给出与刚刚解释过的方法相关的、我们想得到的切线和法线的作图法,因为这是很容易的,尽管常常需要某种技巧才能找出简洁的作图方法。

**对蚌线完成这一问题作图的例证**

例如,给定 $CD$ 为古代人所知的第一条蚌线。令 $A$

是它的极点,$BH$ 是直尺,使得像 $CE$ 和 $DB$ 这种相交于 $A$ 并含于曲线 $CD$ 和直线 $BH$ 间的直线段皆相等。我们希望找一条直线 $CG$,它在点 $C$ 与曲线正交。在试图寻找 $CG$ 必须经过的、又位于 $BH$ 上的点时(使用刚才解释过的方法),我们会陷入像刚才给出的计算那样冗长或者更长的计算,而最终的作图可能非常简单。因为我们仅需在 $CA$ 上取 $CF$ 等于 $BH$ 上的垂线 $CH$;然后,过 $F$ 引 $FG$ 平行于 $BA$ 且等于 $EA$,于是就定出了点 $G$,所要找的直线 $CG$ 必定通过它。(图 2.19)

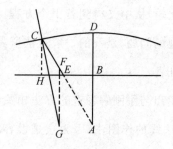

**图 2.19**

## 对用于光学的四类新的卵形线的说明

为了说明研究这些曲线是有用的，以及它们的各种性质跟圆锥截线的同样重要，我将再来讨论某种卵形线；你们会发现，它们在反射光学和折光学的理论中非常有用，可以用下述方式描绘（图 2.20）：引两条直线 $FA$ 和 $AR$，它们以任一交角相会于 $A$，我在其中的一条上任选一点 $F$（它离 $A$ 的远近依所作卵形线的大小而定）。我以 $F$ 为圆心作圆，它跟 $FA$ 在稍微超过 $A$ 处穿过 $FA$，如在点 5 处。然后，我引直线 56，它在 6 处穿过 $AR$，使得 $A6$ 小于 $A5$，且 $A6$ 比 $A5$ 等于任意给定的比值，例如在折光学中应用卵形线时，该比值度量的是折射的程度。做完这些之后，我在直线 $FA$ 上任取一点 $G$，它与点 5 在同一侧，使得 $AF$ 比 $GA$ 为那个任意给定的比值。接着，我沿直线 $A6$ 画出 $RA$ 等于 $GA$，并以 $G$ 为圆心、等于 $R6$ 的线段为半径画圆。该圆将在两个点 1，1 处穿过第一个圆，所求的卵形线中的第一个必定通过这两个点。

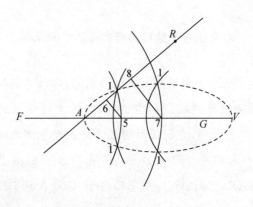

**图 2.20**

接着,我以 $F$ 为圆心画圆,它在比点 5 离 $A$ 稍近或稍远处穿过 $FA$,例如在点 7 处。然后,我引 78 平行于 56,并以 $G$ 为圆心、等于 $R8$ 的线段为半径画另一个圆。此圆将在点 1,1 处穿过点 7 在其上的圆,这两个点也是同一条卵形线上的点。于是,我们通过引平行于 78 的直线和画出以 $F$ 和 $G$ 为圆心的圆,就能找到所要求的那许多点。

在作第二条卵形线时,仅有的差别是我们必须在 $A$ 的另一侧取 $AS$ 等于 $AG$,用以代替 $AR$;并且,以 $G$ 为圆心、穿过以 $F$ 为圆心且过 5 的圆的那个圆的半径,必须等于直线段 $S6$;或者当它穿过 7 在其上的圆时,半径必须等于 $S8$;如此,等等。这样,这些圆在点 2,2 处相

交,它们即是第二条卵形线 $A2X$ 上的点。(图 2.21)

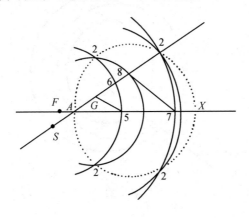

**图 2.21**

　　为了作出第三条和第四条卵形线,我们在 $A$ 的另一侧,即 $F$ 所在的同一边,取 $AH$ 以代替 $AG$。应该注意,这条直线段 $AH$ 必须比 $AF$ 长;在所有这些卵形线中,$AF$ 甚至可以为零,即 $F$ 和 $A$ 相重。然后,取 $AR$ 和 $AS$,让它们都等于 $AH$。在画第三条卵形线 $A3Y$ 时,我以 $H$ 为圆心、等于 $S6$ 的线段为半径画圆。它在点 3 处穿过以 $F$ 为圆心过 5 的圆,另一个圆的半径等于 $S8$,也在标 3 的点处穿过 7 在其上的圆,如此,等等。(图 2.22[①])

---

　　① 笛卡儿原书图上未标点 $R$。笛卡儿有时并不会把提到的所有点都在图中描绘出来,本书图片皆遵从原书绘制。后文不再赘述。——编辑注

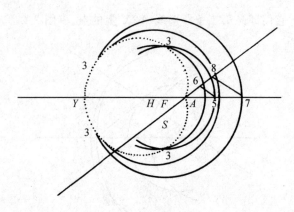

图 2.22

最后,对于第四条卵形线,我以 $H$ 为圆心,等于 $R6,R8$ 的线段为半径画圆,它们在标 4 的点处穿过另外的圆。(图 2.23)

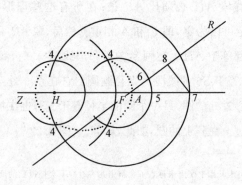

图 2.23

　　为了作出同样的这几条卵形线,还有其他许多办法。例如,第一种卵形线 $AV$(如果我们假定 $FA$ 和 $AG$ 相等),可以用下述方法描绘(图 2.24):将直线段 $FG$ 在 $L$ 处分为两部分,使得 $FL:LG=A5:A6$,即对应于折射率的比。然后,平分 $AL$ 于 $K$,令直尺 $FE$ 绕点 $F$ 转动,用手指将细绳 $EC$ 在 $C$ 点压住,此绳系在直尺的端点 $E$ 处,经过 $C$ 拉到 $K$,返回 $C$ 后再拉到 $G$,绳的另一端就牢系在这里。于是,整条绳的长度为 $GA+AL+FE-AF$,点 $C$ 就描绘出第一种卵形线,这跟《折光》中描绘椭圆和双曲线的方式类似。但我不能更多地关注这个主题。

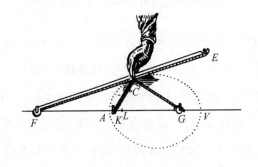

图 2.24

虽然这些卵形线的性质看起来几乎相同,但无论如何属于四种不同的类型,每一种又包含无穷多的子类,而每个子类又像每一类椭圆和双曲线那样包含许多不同的类型;子类的划分依赖于 A5 对 A6 的比的值。于是,当 AF 对 AG 的比或 AF 对 AH 的比改变时,每一个子类中的卵形线的类型也发生改变,而 AG 或 AH 的长度确定了卵形线的大小。

若 A5 等于 A6,第一类和第三类卵形线变为直线;在第二类卵形线中,我们能得到所有可能的双曲线,而第四类卵形线包含了所有可能的椭圆。

### 所论卵形线具有的反射与折射性质

就每一种卵形线而言,有必要进一步考虑它的具有不同性质的两个部分。在第一类卵形线中,朝向 A 的部分使得从 F 出发穿过空气的光线遇到透镜的凸圆状表面 1A1 后向 G 会聚,根据折光学可知,该透镜的折射率决定了像 A5 对 A6 这样的比,卵形线正是依据这个比值描绘的。(图 2.25)

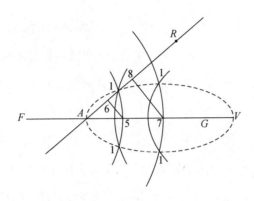

**图 2.25**

而朝向 $V$ 的部分,使从 $G$ 出发的所有光线到达形如 $1V1$ 的凹形镜面后向 $F$ 会聚,镜子的质料按 $A5$ 对 $A6$ 的比值降低了光线的速度,因为折光学已证明,此种情形下的各个反射角将不会相等,折射角亦然,它们可用相同的方法度量。

现在考虑第二种卵形线。当 $2A2$ 这个部分作反射用时,同样可假定各反射角不相等。因为若这种形状的镜子采用讨论第一种卵形线时指出的同一种质料制成,那么它将把从 $G$ 出发的所有光线都反射回去,就好像它们是从 $F$ 发出似的。

还要注意,如果直线段 $AG$ 比 $AF$ 长许多,此时镜子的中心(向 $A$)凸,两端则是凹的;因为这样的曲线不再是卵形而是心形的了。另一部分 $X2$ 对制作折射透镜有用;通过空气射向 $F$ 的光线被具有这种形状的表面透镜所折射。

第三类卵形线仅用于折射,使通过空气射向 $F$ 的光线穿过形如 $A3Y3$ 的表面之后在玻璃体内射向 $H$;此处 $A3YA$ 除稍向 $A$ 凹之外,其余部分全是凸的,因此这条曲线也是心形的。这种卵形线的两个部分的差别在于,一部分靠近 $F$ 远离 $H$,另一部分靠近 $H$ 而远离 $F$。[①]

类似地,这些卵形线中的最后一种只用于反射的情形。它的作用是使来自 $H$ 的所有光线、当遇到用前面提到过的同种质料制成的形如 $A4Z4$ 凹状曲面时,经反射皆向 $F$ 会聚。

点 $F,G$ 和 $H$ 可称为这些卵形线的"燃火点",相应于椭圆和双曲线的燃火点,在折光学中就是这样定名的。

我没有提及能由这些卵形线引起的其他几种反射和

___

① 以上两段对应的图为本书图 2.21 和图 2.22。——译者注

折射;因为它们只是些相反的或逆的效应,很容易推演出来。

## 对这些性质的论证

然而,我必须证明已做出的结论。为此目的,在第一种卵形线的第一部分上任取一点 $C$,并引直线 $CP$ 跟曲线在 $C$ 处成直角。这可用上面给出的方法实现,做法如下(图 2.26):

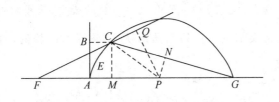

**图 2.26**

令 $AG=b$, $AF=c$, $FC=c+z$。以 $d$ 对 $e$ 的比——我总是用它度量所讨论的透镜的折射能力——表示 $A5$ 对 $A6$ 的比,或用于表示能描述该卵形线的类似的直线段之间的比。于是,

$$GC=b-\frac{e}{d}z,$$

由此可知

$$AP=\frac{bcd^2-bcde+bd^2z+ce^2z}{bde+cd^2+d^2z+e^2z}。$$

我们从 $P$ 引 $PQ$ 垂直于 $FC$,引 $PN$ 垂直于 $GC$。现若有 $PQ：PN=d：e$,即,如果 $PQ：PN$ 等于用来度量凸玻璃体 $AC$ 的折射状况的直线段之间的比,那么过 $F$ 射向 $C$ 的光线,必被折射进入玻璃体而且射向 $G$。这由折光学立即可知。

现在,假如 $PQ：PN=d：e$ 真的成立,让我们用计算来证实结论。直角三角形 $PQF$ 和 $CMF$ 相似,由此可得

$$CF：CM=FP：PQ,\quad \frac{FP \cdot CM}{CF}=PQ。$$

此外,直角三角形 $PNG$ 和 $CMG$ 相似,因此 $\dfrac{GP \cdot CM}{CG}=PN$。

由于用同一个数乘或除一个比中的两项并不改变这个比,又若

$$\frac{FP \cdot CM}{CF}：\frac{GP \cdot CM}{CG}=d：e,$$

那么用 $CM$ 除第一个比中的每项,再用 $CF$ 及 $CG$ 乘每

项,我们得到

$$FP \cdot CG : (GP \cdot CF) = d : e。$$

根据作图可知

$$FP = c + \frac{bcd^2 - bcde + bd^2z + ce^2z}{cd^2 + bde - e^2z + d^2z},$$

或　　　　$$FP = \frac{bcd^2 + c^2d^2 + bd^2z + cd^2z}{cd^2 + bde - e^2z + d^2z},$$

及　　　　　　　$$CG = b - \frac{e}{d}z。$$

于是,

$$FP \cdot CG = \frac{b^2cd^2 + bc^2d^2 + b^2d^2z + bcd^2z - bcdez - c^2dez - bdez^2 - cdez^2}{cd^2 + bde - e^2z + d^2z},$$

那么,　　$$GP = b - \frac{bcd^2 - bcde + bd^2z + ce^2z}{cd^2 + bde - e^2z + d^2z};$$

或　　　　$$GP = \frac{b^2de + bcde - be^2z - ce^2z}{cd^2 + bde - e^2z + d^2z};$$

以及 $CF = c + z。$ 故

$$GP \cdot CF = \frac{b^2cde + bc^2de + b^2dez + bcdez - bce^2z - c^2e^2z - be^2z^2 - ce^2z^2}{cd^2 + bde - e^2z + d^2z}。$$

上述第一个乘积用 $d$ 除后,等于第二个用 $e$ 除,由

此可得

$$PQ : PN = FP \cdot CG : (GP \cdot CF) = d : e,$$

这就是所要证明的。这个证明经正负号的适当变更，便可用来证明这些卵形线中任一种具有的反射和折射性质；读者可逐个去研究，我不需要在此做进一步的讨论。

这里，我倒有必要对我在《折光》中的陈述做些补充，大意如下：各种形式的透镜都能同样使来自同一点的光线，经由它们向另一点会聚；这些透镜中，一面凸另一面凹的比起两面皆凸的，是性能更好的燃火镜；另一方面，后者能做成更好的望远镜。我将只描述和解释那些我认为是最具实用价值的透镜，考虑琢磨时的难点。为了完成有关这个主题的理论，我必须再次描绘这种透镜的形状：它的一个面具有随意确定的凸度或凹度，能使所有平行的或来自单个点的光线，在穿过它们之后向一处会聚；还要描绘另一种透镜的形状：它具有同样的效用，但它的两个面是等凸的，或者，它的一个表面的凸度与另一表面的凸度形成给定的比。

### 如何按我们的要求制作一透镜，
### 使从某一给定点发出的所有光线经透镜的
### 一个表面后会聚于一给定点

第一步，设 $G,Y,C$ 和 $F$ 是给定的点，使得来自 $G$ 或平行于 $GA$ 的光线穿过一凹状透镜后在 $F$ 处会聚。令 $Y$ 是该透镜内表面的中心，$C$ 是其边缘，并设弦 $CMC$ 已给定，弧 $CYC$ 的高亦已知。首先我们必须确定那些卵形线中的哪一个可用来做此透镜，使得穿过它而朝向 $H$（尚未确定的一个点）的光线，在离开透镜后向 $F$ 会聚。（图 2.27）

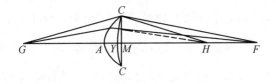

图 2.27

在这些卵形线中，至少有一种不会让光线经其反射或折射而仍不改变方向的；容易看出，为得到上述特殊结果，可利用第三种卵形线上标为 $3A3$ 或 $3Y3$ 的任何一段，或者利用第二种卵形线上标为 $2X2$ 的部分。由于各种情形都可用同一种方法处理,所以无论对哪种情形,我们可以取 $Y$ 为顶点,$C$ 为曲线上的一点,$F$ 为燃火点之一。于是尚待确定的只是另一个燃火点 $H$ 了。为此,考虑 $FY$ 和 $FC$ 的差比 $HY$ 和 $HC$ 的差为 $d:e$,即度量透镜折射能力的两直线段中较长者跟较短者之比,这样做的理由从描绘卵形线的方法中是显而易见的。

因为直线段 $FY$ 和 $FC$ 是给定的,我们可以知道它们的差;又因为知道那两个差的比,故我们能知道 $HY$ 和 $HC$ 的差。

又因 $YM$ 为已知,我们便知 $MH$ 和 $HC$ 的差,也就得到了 $CM$,尚需求出的是直角三角形 $CMH$ 的一边 $MH$。该三角形的另一边 $CM$ 已经知道,斜边 $CH$ 和所求边 $MH$ 的差也已知。因此,我们能容易地确定 $MH$,具体过程如下(图 2.28):

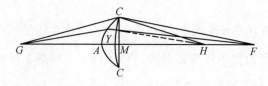

**图 2.28**

令 $k=CH-MH$，$n=CM$；那么 $\dfrac{n^2}{2k}-\dfrac{1}{2}k=MH$，它确定了点 $H$ 的位置。

若 $HY$ 比 $HF$ 长，曲线 $CY$ 必须取为第三类卵形线的第一部分，它已标记为 3A3。

要是假定 $HY$ 比 $FY$ 短，会出现两种情形：第一种，$HY$ 超出 $HF$ 的量达到这种程度，使它们的差跟整条线段 $FY$ 的比，大于表示折射能力的直线段中较小的 $e$ 跟较大的 $d$ 之比；即令 $HF=c$，$HY=c+h$，那么 $dh$ 大于 $2ce+eh$。在这种情况，$CY$ 必须取为第三类中同一卵形线的第二部分 3Y3。

在第二种情形，$dh$ 小于或等于 $2ce+eh$，$CY$ 取为第二类卵形线的第二部分 2X2。

最后，若点 $H$ 和点 $F$ 相重，$FY=FC$，那么曲线 $YC$ 是个圆。

我们还需要确定透镜的另一个表面 $CAC$。若我们设落在它上面的光线平行，它应是以 $H$ 为其一个燃火点的椭圆，其形状容易确定。然而，若我们设光线来自点 $G$，则透镜必须具有第一类卵形线的第一部分的形状,该卵形线经过点 $C$,它的两个燃火点是 $G$ 和 $H$。点 $A$ 看来是它的顶点,依据是:$GC$ 超出 $GA$ 的部分比 $HA$ 超出 $HC$ 的部分等于 $d:e$。因为若令 $k$ 表示 $CH$ 和 $HM$ 的差,$x$ 表示 $AM$,那么 $x-k$ 表示 $AH$ 和 $CH$ 的差;若令 $g$ 表示皆为已知的 $GC$ 和 $GM$ 的差,那么 $g+x$ 表示 $GC$ 和 $GA$ 的差;由于 $(g+x):(x-k)=d:e$,我们知 $ge+ex=dx-dk$,或 $AM=x=\dfrac{ge+dk}{d-e}$,它使我们得以确定所求的点 $A$。

<br>

## 如何制作有如上功能的透镜,<br>而又使一个表面的凸度跟<br>另一表面的凸度或凹度形成给定的比

假设只给定了点 $G,C$ 和 $F$,以及 $AM$ 对 $YM$ 的比,要求确定透镜 $ACY$ 的形状,使得所有来自点 $G$ 的光线都向 $F$ 会聚。(图 2.29)

在这种情况下,我们可以利用两种卵形线 $AC$ 和 $YC$,它们的燃火点分别是 $G,H$ 和 $F,H$。为了确定它们,让我们首先假设两者共同的燃火点 $H$ 为已知。于

是,$AM$ 可由三个点 $G,C$ 和 $H$ 以刚刚解释过的方法确

定;即,若 $k$ 表示 $CH$ 和 $HM$ 的差,$g$ 表示 $GC$ 和 $GM$ 的

差,又若 $AC$ 是第一类卵形线的第一部分,则我们得到

$$AM = \frac{ge+dk}{d-e}。$$

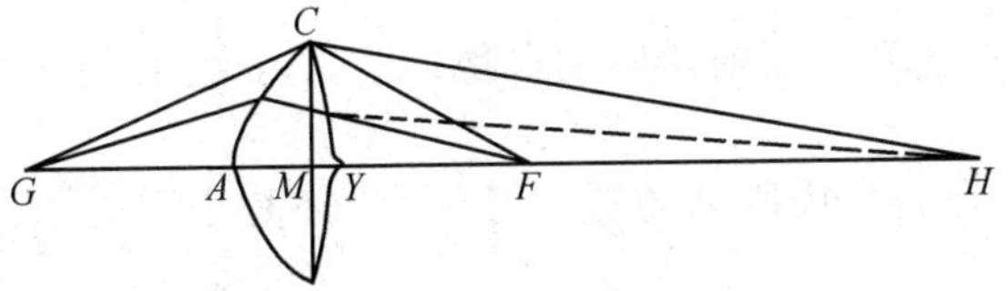

图 2.29

　　于是,我们可依据三个点 $F,C$ 和 $H$ 求得 $MY$。若

$CY$ 是第三类的一条卵形线的第一部分,我们取 $y$ 代表

$MY$,$f$ 代表 $CF$ 和 $FM$ 的差,那么 $CF$ 和 $FY$ 的差等于

$f+y$;再令 $CH$ 和 $HM$ 的差等于 $k$,则 $CH$ 和 $HY$ 的差

等于 $k+y$。那么 $(k+y):(f+y)=e:d$,因为该卵形

线是第三类的,因此 $MY = \frac{fe-dk}{d-e}$。所以 $AM+MY=$

$AY = \frac{ge+fe}{d-e}$,由此可得,无论点 $H$ 可能落在哪一边,直

线段 $AY$ 对 $GC+CF$ 超出 $GF$ 的部分的比，总等于表示玻璃体折射能力的两条直线段中较短的 $e$ 对两条直线段之差 $d-e$ 的比，这给出了一条非常有趣的定理。

正在寻找的直线段 $AY$，必须按适当的比例分成 $AM$ 和 $MY$，因为 $M$ 是已知的，所以点 $A$，$Y$，最后还有点 $H$，都可依据前述问题求得。首先，我们必须知道这样求得的直线段 $AM$ 是大于、等于还是小于 $\frac{ge}{d-e}$。当出现大于的情形时，$AC$ 必须取为已考虑过的第三类中的某条卵形线的第一部分。当出现小于的情形时，$CY$ 必须为某个第一类卵形线的第一部分，$AC$ 为某个第三类卵形线的第一部分。最后，当 $AM$ 等于 $\frac{ge}{d-e}$ 时，曲线 $AC$ 和 $CY$ 必须皆为双曲线。

上述两个问题的讨论可以推广到其他无穷多种情形，我们将不在这里推演，因为它们对折光学没有实用价值。

我本可以进一步讨论并说明，若透镜的一个表面是给定的，它既非完全平直，亦非由圆锥截线或圆构成，此

时如何确定另一个表面,使得把来自一个给定点的所有
光线传送到另一个也是给定的点。这项工作并不比我
刚刚解释过的问题更困难;确实,它甚至更容易,因为方
法已经公开;然而,我乐于把它留给别人去完成,那样,
他们也许会更好地了解和欣赏这里所论证的那些发现,
虽然他们自己会遇到某些困难。

### 如何将涉及平面上的曲线的那些讨论<br>应用于三维空间或曲面上的曲线

　　在所有的讨论中,我只考虑了可在平面上描绘的曲
线,但是我论述的要点很容易应用于所有那样的曲线,
它们可被想象为某个物体上的点在三维空间中做规则
的运动而生成。具体做法是从所考虑的这种曲线上的
每个点,向两个交成直角的平面引垂线段,垂线段的端
点将描绘出另两条曲线;对于这两个平面中的每一个上
面的这种曲线,它的所有点都可用已经解释过的办法确
定,所有这些点又都可以跟这两个平面所共有的那条直
线上的点建立起联系;由此,三维曲线上的点就完全确
定了。

我们甚至可以在这种曲线的给定点引一条直线跟该曲线成直角,办法很简单,在每个平面内由三维曲线上给定点引出的垂线的垂足处,分别作直线与各自平面内的那条曲线垂直,再过每一条直线作出另外两个平面,分别与含有它们的平面垂直,这样作出的两个平面的交线即是所求的垂直直线。

至此,我认为我在理解曲线方面再没有遗漏什么本质的东西了。

# 第3章　立体及超立体问题的作图

## 能用于所有问题的作图的曲线

毫无疑问，凡能由一种连续的运动来描绘的曲线都应被接纳进几何，但这并不意味着我们将随机地使用在进行给定问题的作图时首先碰上的曲线。我们总是应该仔细地选择能用来解决问题的最简单的曲线。但应注意，"最简单的曲线"不只是指它最容易描绘，亦非指它能推导出所论问题的最容易的论证或作图，而是指它应属于能用来确定所求量的最简单的曲线类。

## 求多比例中项的例证

例如，我相信在求任意数目的比例中项时，没有更容易的方法了，没有哪一种论证会比借助于此前已解释过的工具 XYZ 描绘的曲线所作的论证更清楚的了。所以,若想求 YA 和 YE 之间的两个比例中项,只需描绘一个圆,YE 为其直径并在 D 点穿过曲线 AD;于是,YD 即是所求的一个比例中项。当对 YD 使用此工具时,论证立即变得一目了然,因为 YA(或 YB)比 YC 等于 YC 比 YD,又等于 YD 比 YE。(图 3.1)

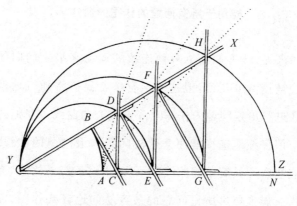

**图 3.1**

类似地,为求 YA 和 YG 之间的四个比例中项,或求 YA 和 YN 之间的六个比例中项,只需画一圆 YEG,它跟 AF 的交点确定出直线段 YF,此即四个比例中项之一;或画图 YHN,它跟 AH 的交点确定出直线段 YH,即六个比例中项之一;余者类推。

但曲线 AD 属于第二类,而我们可以利用圆锥截线求两个比例中项,后者是第一类的曲线。再者,四个或六个比例中项可分别用比 AF 和 AH 更简单的曲线求得。因此,利用那些曲线可能在几何上是一种错误。另一方面,徒劳地企图用比问题的性质所限定的曲线类更简单的曲线类来解决作图问题,也是一种大错。

## 方程的性质

在给出一些法则以避免这两种错误之前,我必须就方程的性质做些一般性的论述。一个方程总由若干项组成,有的为已知,有的为未知,其中的一些合在一起等于其余的;甚至可以让所有的项合在一起等于无;后者常常是进行讨论的最好形式。

## 方程能有几个根

每一个方程都有跟方程中未知量的次数[①]一样多的

---

　　① 笛卡儿在描述方程的次数时,使用 dimension 这个词,在讨论几何对象的维数时,也用这同一个词。——译者注

不同的根(未知量的值)。例如,设 x＝2,或 x－2＝0,又设 x＝3,或 x－3＝0。把 x－2＝0 和 x－3＝0 这两个方程相乘,我们有 $x^2-5x+6=0$ 或 $x^2=5x-6$。这是个方程,其中 x 取值为 2,同时,x 还可取值为 3。若我们接着取 x－4＝0,并用 $x^2-5x+6=0$ 乘之,我们得到另一个方程 $x^3-9x^2+26x-24=0$,其中 x 是三次的,因此有三个值,即 2,3 和 4。

## 何 为 假 根

然而,经常会出现一些根是假的,或者说比无更小的情形。于是,如果我们设 x 表示量 5 这个假根,则我们有 x＋5＝0,它用 $x^3-9x^2+26x-24=0$ 乘之后变为 $x^4-4x^3-19x^2+106x-120=0$,这个方程有四个根,即三个真根 2,3 和 4,一个假根 5。

## 已知一个根时,如何将方程的次数降低

显然,由上述讨论可知,具有若干个根的方程的各项之和总能被这样的二项式除尽,它由未知量减去真根

之一的值或加上假根之一的值组成。据此,我们能使方程的次数降低。

## 如何确定任一给定量是否是根

若方程各项的和不能被由未知量加或减某个别的量组成的二项式除尽,则这个"别的量"就不是该方程的根。于是,上述方程 $x^4-4x^3-19x^2+106x-120=0$ 可被 $x-2$,$x-3$,$x-4$ 和 $x+5$ 除尽,而不能被 $x$ 加或减其他任何一个量除尽。因此,该方程仅有三个真根:2,3,4 和假根 5。

## 一个方程有多少真根

我们还能确定任一方程所能有的真根与假根的数目,办法如下:一个方程的真根数目跟它所含符号的变化,即从 + 到 - 或从 - 到 + 的多寡一致;而其假根的数目,跟连续找到两个 + 号或两个 - 号的次数一样。

于是,在最后一个方程中,因 $+x^4$ 之后是 $-4x^3$,出现了从 + 到 - 的一次符号变化,$-19x^2$ 之后是 $+106x$,

$+106x$ 之后是 $-120$，又出现了两次变化，所以我们知道有三个真根；因 $-4x^3$ 之后是 $-19x^2$，那么有一个假根。

## 如何将假根变为真根，以及将真根变为假根

我们还很容易将方程变形，使得它的所有假根都变为真根，所有真根都变为假根。办法是改变第二、第四、第六及其他所有偶数项的符号，保持第一、第三、第五及其他奇数项的符号不变。这样，若代替

$$+x^4-4x^3-19x^2+106x-120=0,$$

我们写出

$$+x^4+4x^3-19x^2-106x-120=0,$$

则我们得到的是具有一个真根 5 和三个假根 2,3,4 的方程。

## 如何将方程的根变大或缩小

当一个方程的根未知，而希望每一个根都增加或减去某个已知数时，我们必须把整个方程中的未知量用另一个量代替，它比原未知量大一个或小一个那个已知数。于是，若希望方程

$$x^4 + 4x^3 - 19x^2 - 106x - 120 = 0$$

的每个根的值增加 3，那么用 y 代替 x，并令 y 比 x 大 3，即 $y - 3 = x$。

此时，对于 $x^2$，我们代之以 $y - 3$ 的平方或 $y^2 - 6y + 9$；对于 $x^3$，代之以 $y - 3$ 的立方，即 $y^3 - 9y^2 + 27y - 27$；对于 $x^4$，代之以四次方，或 $y^4 - 12y^3 + 54y^2 - 108y + 81$。在上述方程中代入这些值并进行归并，我们得到

$$
\begin{aligned}
& y^4 - 12y^3 + 54y^2 - 108y + \ 81 \\
& \ + \ 4y^3 - 36y^2 + 108y - 108 \\
& \qquad\qquad - 19y^2 + 114y - 171 \\
& \qquad\qquad\qquad\qquad - 106y + 318 \\
& \qquad\qquad\qquad\qquad\qquad\quad - 120 \\
\hline
& y^4 - \ 8y^3 - \quad y^2 + \quad 8y \qquad\qquad = 0,
\end{aligned}
$$

或　　　　　　　　　$y^3 - 8y^2 - y + 8 = 0$。

现在，它的真根是 8 而不是 5，因为它已被增加了 3。

另一方面，若希望同一方程的根都减少 3，我们必须令 $y + 3 = x, y^2 + 6y + 9 = x^2$，等等，代替

$$x^4 + 4x^3 - 19x^2 - 106x - 120 = 0,$$

我们得到

$$y^4 + 12y^3 + 54y^2 + 108y + 81$$
$$+ 4y^3 + 36y^2 + 108y + 108$$
$$- 19y^2 - 114y - 171$$
$$- 106y - 318$$
$$- 120$$

$$\overline{\phantom{y^4 + 16y^3 + 71y^2 - 4y - 420 = 0}}$$

$$y^4 + 16y^3 + 71y^2 - 4y - 420 = 0。$$


## 我们可通过增大真根来缩小假根；或者相反

应该注意，一个方程的真根的加大必使假根以同样的量减小；相反，真根的缩小会使假根增大；若以等于真根或假根的量来减小它们，则将使根变成零；以比根大的量来减小它，那么会使真根变假、假根变真。所以，给真根增加 3，我们就使每个假根都变小了，原先是 4 的现只是 1，原先是 3 的根变成了零，原先是 2 的现在成了真根，它等于 1，因为 $-2 + 3 = +1$。这说明为什么方程 $y^3 - 8y^2 - y + 8 = 0$ 仅有三个根，其中的两个，即 1 和 8，是真根，第三个也是 1，但是是假根；而另一个方程 $y^4 + 16y^3 + 71y^2 - 4y - 420 = 0$ 仅有一个真根

2(因为＋5－3＝＋2),以及三个假根 5,6 和 7。

## 如何消去方程中的第二项

于是,这种变换一个方程的根而无须先确定它们的值的方法,产生两个将被证明是有用的结论:第一,我们总能消去第二项。若方程第一项和第二项的符号相反,只要使它的真根缩小一个量,该量由第二项中的已知量除以第一项的次数而得;或者,若它们具有相同的符号,可通过使它的根增加同样的量而达到目的。于是,为了消去方程 $y^4+16y^3+71y^2-4y-420=0$ 中的第二项,我用 16 除以 4(即 $y^4$ 中 y 的次数),商为 4。我令 $z-4=y$,那么

$$
\begin{array}{r}
z^4 - 16z^3 + 96z^2 - 256z + 256 \\
+ 16z^3 - 192z^2 + 768z - 1024 \\
+ 71z^2 - 568z - 1136 \\
- 4z + 16 \\
- 420 \\
\hline
z^4 \qquad\ - 25z^2 - 60z - 36 = 0.
\end{array}
$$

方程的真根原为 2 而现在是 6,因为它已增加了 4;而假根 5,6,7 成了 1,2 和 3,因为每个根减小了 4。类似地,我们可消去 $x^4-2ax^3+(2a^2-c^2)x^2-2a^3x+a^4=0$ 的第二项;因 2a 除以 4 得 $\frac{1}{2}a$,我们必须令 $z+\frac{1}{2}a=x$,那么

$$z^4 + 2az^3 + \frac{3}{2}a^2z^2 + \frac{1}{2}a^3z + \frac{1}{16}a^4$$

$$-\ 2az^3 -\ 3a^2z^2 - \frac{3}{2}a^3z - \frac{1}{4}a^4$$

$$+\ 2a^2z^2 +\ 2a^3z + \frac{1}{2}a^4$$

$$-\ c^2z^2 -\ ac^2z - \frac{1}{4}a^2c^2$$

$$-\ 2a^3z -\ a^4$$

$$+\ a^4$$

$$\overline{z^4 + \left(\frac{1}{2}a^2 - c^2\right)z^2 - (a^3 + ac^2)z + \frac{5}{16}a^4 - \frac{1}{4}a^2c^2 = 0}\,。$$

若能求出 z 的值,则加上了 $\frac{1}{2}a$ 就得到 x 的值。

## 如何使假根变为真根而不让真根变为假根

通过使每个根都增加一个比任何假根都大的量,我们可使所有的根都成为真根。实现这一点后就不会连续出现＋或－的项了;进而,第三项中的已知量将大于第二项中已知量的一半的平方。这一点即使在假根是未知时也能办到,因为总能知道它们的近似值,从而可以让根增加一个量,该量应大到我们所需要的程度,更大些也无妨。于是,若给定

$$x^6 + nx^5 - 6n^2 x^4 + 36n^3 x^3 - 216n^4 x^2 + 1296n^5 x - 7776n^6 = 0,$$

令 $y - 6n = x$,我们便有

$$
\left.
\begin{array}{l}
y^6 - 36n \\
\ \ + \ \ n
\end{array}
\right)
\left.
\begin{array}{l}
y^5 + 540n^2 \\
\ \ \ - \ \ 30n^2 \\
\ \ \ - \ \ 6n^2
\end{array}
\right)
\left.
\begin{array}{l}
y^4 - 4320n^3 \\
\ \ \ + \ \ 360n^3 \\
\ \ \ + \ \ 144n^3 \\
\ \ \ + \ \ 36n^3
\end{array}
\right\}
\left.
\begin{array}{l}
y^3 + 19440n^4 \\
\ \ \ - \ \ 2160n^4 \\
\ \ \ - \ \ 1296n^4 \\
\ \ \ - \ \ 648n^4 \\
\ \ \ - \ \ 216n^4
\end{array}
\right)
\left.
\begin{array}{l}
y^2 - 46656n^5 \\
\ \ \ + \ \ 6480n^5 \\
\ \ \ + \ \ 5184n^5 \\
\ \ \ + \ \ 3888n^5 \\
\ \ \ + \ \ 2592n^5 \\
\ \ \ + \ \ 1296n^5
\end{array}
\right)
\left.
\begin{array}{l}
y + 46656n^6 \\
\ \ - \ \ 7776n^6 \\
\ \ - \ \ 7776n^6 \\
\ \ - \ \ 7776n^6 \\
\ \ - \ \ 7776n^6 \\
\ \ - \ \ 7776n^6 \\
\ \ - \ \ 7776n^6
\end{array}
\right\}
$$

$$y^6 - 35ny^5 + 504n^2 y^4 - 3780n^3 y^3 + 15120n^4 y^2 - 27216n^5 y = 0。$$

显然,第三项中的已知量 $504n^2$ 大于 $\dfrac{35}{2}n$ 的平方,亦即大于第二项中已知量一半的平方;并且不会出现这种情形,为了假根变真根所需要增加的量,从它跟给定量的比的角度看,会超出上述情形所增加的量。

## 如何补足方程中的缺项

若我们不需要像上述情形那样让最后一项为零,为此目的就必须使根再增大一些。同样,若想提高一个方程的次数,又要让它的所有的项都出现,比如我们想要替代 $x^5 - b = 0$ 而得到一个没有一项为零的六次方程;那么,首先将 $x^5 - b = 0$ 写成 $x^6 - bx = 0$,并令 $y - a = x$,我们即可得到

$$y^6 - 6ay^5 + 15a^2y^4 - 20a^3y^3 + 15a^4y^2 - (6a^5 + b)y + a^6 + ab = 0。$$

显然,无论量 $a$ 多么小,这个方程的每一项都必定存在。

## 如何乘或除一个方程的根

我们也可以实现以一个给定的量来乘或除某个方程的所有的根,而不必事先确定它们的值。为此,假设

未知量用一个给定的数乘或除之后等于第二个未知量。然后,用这个给定的量乘或除第二项中的已知量,用这个给定量的平方乘或除第三项中的已知量,用它的立方乘或除第四项中的已知量……一直做到最后一项。

## 如何消除方程中的分数

这种手段对于把方程中的分数项改变成整数是有用的,对各个项的有理化也常常有用。于是,若给定

$$x^3 - \sqrt{3}\, x^2 + \frac{26}{27} x - \frac{8}{27\sqrt{3}} = 0,$$

设存在符合要求的另一方程,其中所有的项皆以有理数表示。令 $y = \sqrt{3}\, x$,并以 $\sqrt{3}$ 乘第二项,以 3 乘第三项,以 $3\sqrt{3}$ 乘最后一项,所得方程为

$$y^3 - 3y^2 + \frac{26}{9} y - \frac{8}{9} = 0。$$

接着,我们要求用已知量全以整数表示的另一方程来替代它。令 $z = 3y$,以 3 乘 3,9 乘 $\frac{26}{9}$,27 乘 $\frac{8}{9}$,我们得到

$$z^3 - 9z^2 + 26z - 24 = 0,$$

此方程的根是 2,3 和 4；因此前一方程的根为 $\dfrac{2}{3}$，1 和

$\dfrac{4}{3}$，而第一个方程的根为 $\dfrac{2}{9}\sqrt{3}$，$\dfrac{1}{3}\sqrt{3}$ 和 $\dfrac{4}{9}\sqrt{3}$。

**如何使方程任一项中的已知量等于任意给定的量**

这种方法还能用于使任一项中的已知量等于某个给定的量。若给定方程

$$x^3 - b^2 x + c^3 = 0，$$

要求写出一个方程，使第三项的系数（即 $b^2$）由 $3a^2$ 来替代。令

$$y = x\sqrt{\dfrac{3a^2}{b^2}}，$$

我们得到

$$y^3 - 3a^2 y + \dfrac{3a^3 c^3}{b^3}\sqrt{3} = 0。$$

**真根和假根都可能是实的或虚的**

无论是真根还是假根，它们并不总是实的；有时它们是虚的；于是，我们总可以想象，每一个方程都具有我已指出过的那样多的根，但并不总是存在确定的量跟所

想象得到的每个根相对应。我们可以想象方程 $x^3 - 6x^2 + 13x - 10 = 0$ 有三个根,可是仅有一个实根 2;对其余两个根,尽管我们可以按刚刚建立的法则使其增大、缩小或者倍增,但它们始终是虚的。

## 平面问题的三次方程的简约

当某个问题的作图蕴含了对一个方程的求解,且该方程中未知量达到三次时,我们必须采取如下步骤。

首先,若该方程含有一些分数系数,则用上面解释过的方法将其变为整数;若它含有不尽方根,那么只要可能就将其变为有理数,用乘法,或用其他容易找到的若干方法中的一种皆可。其次,依次检查最后一项的所有因子,以确定方程的左端部分是否能被由未知量加或减这些因子中某个所构成的二项式除尽。若是,则该问题是平面问题,即它可用直尺和圆规完成作图;因为任一个二项式中的已知量都是所求的根,或者说,当方程的左端能被此二项式除尽时,其商就是二次的了,从这个商出发,如在第 1 章中解释过的那样,即可求出根。

例如,给定 $y^6 - 8y^4 - 124y^2 - 64 = 0$。最后一项 64 可被 1,2,4,8,16,32 和 64 除尽;因此,我们必须弄清楚

方程的左端是否能被 $y^2-1, y^2+1, y^2-2, y^2+2, y^2-4$ 等二项式除尽。由下式知方程可被 $y^2-16$ 除尽：

$$+y^6 \quad -8y^4 \quad -124y^2 \quad -64=0$$

$$\frac{-y^6 \quad -8y^4 \quad -4y^2}{0 \quad \frac{-16y^4}{-16} \quad \frac{-128y^2}{-16}} -16$$

$$+ \quad y^4 + \quad 8y^2 + \quad 4=0。$$

## 用含有根的二项式除方程的方法

从最后一项开始，我以 $-16$ 除 $-64$，得 $+4$；把它写成商；以 $+y^2$ 乘 $+4$，得 $+4y^2$，并记成被除数（但必须永远采用由这种乘法所得符号之相反的符号）。将 $-124y^2$ 和 $-4y^2$ 相加，我得到 $-128y^2$。用 $-16$ 来除它，我得到商 $+8y^2$；再用 $y^2$ 来乘，我应得出 $-8y^4$，将其加到相应的项 $-8y^4$ 上之后作为被除数，即 $-16y^4$，它被 $-16$ 除后的商为 $+y^4$；再将 $-y^6$ 加到 $+y^6$ 上得到零，这表明这一除法除尽了。

然而，若有余数存在，或者说如果改变后的项不能正好被 16 除尽，那么很清楚，该二项式并不是一个因子。

$$\left.\begin{matrix} y^6 + a^2 \\ -2c^2 \end{matrix}\right\} \left.\begin{matrix} y^4 - a^4 \\ + c^4 \end{matrix}\right\} \left.\begin{matrix} y^2 - a^6 \\ -2a^4c^2 \\ - a^2c^4 \end{matrix}\right\} = 0,$$

其最后一项可被 $a$，$a^2$，$a^2+c^2$ 和 $a^3+ac^2$ 等除尽，但仅需考虑其中的两个，即 $a^2$ 和 $a^2+c^2$。其余的将导致比倒数第二项中已知量的次数更高或更低的商，使除法不可能进行。注意，此处我将把 $y^6$ 考虑成是三次的，因为不存在的 $y^5$，$y^3$ 或 $y$ 这样的项。试一下二项式

$$y^2 - a^2 - c^2 = 0,$$

我们发现除法可按下式进行：

$$\begin{array}{l} \left.\begin{matrix} +y^6 + a^2 \\ -y^6 - 2c^2 \end{matrix}\right\} \left.\begin{matrix} - a^4 \\ + c^4 \end{matrix}\right\} \left.\begin{matrix} -a^6 \\ -2a^4c^2 \end{matrix}\right\} = 0 \\ \hline \left.\begin{matrix} 0 - 2a^2 \\ + c^2 \end{matrix}\right\} \left.\begin{matrix} - a^4 \\ - a^2c^2 \end{matrix}\right\} \left.\begin{matrix} \underline{-a^2c^4} \\ -a^2-c^2 \end{matrix}\right. \\ \hline \quad\quad -a^2-c^2 \quad\quad -a^2-c^2 \end{array}$$

$$\rule{8cm}{0.4pt}$$

$$\left.\begin{matrix} +y^4 \quad\quad + 2a^2 \\ - c^2 \end{matrix}\right\} \left.\begin{matrix} + a^4 \\ + a^2c^2 \end{matrix}\right\} = 0。$$

这说明，$a^2 + c^2$ 是所求的根，这是容易用乘法加以验证的。

## 方程为三次的立体问题

当所讨论的方程找不到二项式因子时，依赖这一方程的原问题肯定是立体的。此时，再试图仅以圆和直线去实现问题的作图就是大错了，正如利用圆锥截线去完成仅需圆的作图问题一样；因为任何无知都可称为错误。

## 平面问题的四次方程的简约，立体问题

若给定一个方程，其中未知量是四次的，在除去了不尽方根和分数后，查看一下是否存在以表达式最后一项的因子为其一项的二项式，它能除尽左边的部分。如果能找到这种二项式，那么该二项式中的已知量即是所求的根，或者说，做除法之后所得的方程仅是三次的了；当然我们必须用上述同样的方法来处理。如果找不到这样的二项式，我们必须将根增大或缩小，以便消去第

二项,其方法已在前面做过解释;然后,按下述方法将其化为另一个三次方程;替代

$$x^4 \pm px^2 \pm qx \pm r = 0,$$

我们得到

$$y^6 \pm 2py^4 + (p^2 \pm 4r)y^2 - q^2 = 0。$$

对于双符号,若第一式中出现 $+p$,第二式中就取 $+2p$;若第一式中出现 $-p$,则第二式中应写 $-2p$;相反地,若第一式中为 $+r$,第二式中取 $-4r$,若为 $-r$,则取 $+4r$。但无论第一式中所含为 $+q$ 还是 $-q$,在第二式中我们总是写 $-q^2$ 和 $+p^2$,倘若 $x^4$ 和 $y^6$ 都取 $+$ 的话;否则我们写 $+q^2$ 和 $-p^2$。例如,给定

$$x^4 - 4x^2 - 8x + 35 = 0,$$

以下式替代它:

$$y^6 - 8y^4 - 124y^2 - 64 = 0。$$

因为,当 $p = -4$ 时,我们用 $-8y^4$ 替代 $2py^4$;当 $r = 35$ 时,我们用 $(16-140)y^2$ 或 $-124y^2$ 替代 $(p^2-4r)y^2$;当 $q = 8$ 时,我们用 $-64$ 替代 $-q^2$。类似地,替代

$$x^4 - 17x^2 - 20x - 6 = 0,$$

我们必须写下

$$y^6 - 34y^4 + 313y^2 - 400 = 0,$$

因为 34 是 17 的两倍,313 是 17 的平方加 6 的 4 倍,400 是 20 的平方。

使用同样的办法,替代

$$+z^4 + \left(\frac{1}{2}a^2 - c^2\right)z^2 - (a^3 + ac^2)z - \frac{5}{16}a^4 - \frac{1}{4}a^2c^2 = 0,$$

我们必须写出

$$y^6 + (a^2 - 2c^2)y^4 + (c^4 - a^4)y^2 - a^6 - 2a^4c^2 - a^2c^4 = 0;$$

因为

$$p = \frac{1}{2}a^2 - c^2, \quad p^2 = \frac{1}{4}a^4 - a^2c^2 + c^4, \quad 4r = -\frac{5}{4}a^4 + a^2c^2.$$

最后,

$$-q^2 = -a^6 - 2a^4c^2 - a^2c^4.$$

当方程已被约化为三次时,$y^2$ 的值可以用已解释过的方法求得。若做不到这一点,我们便无须继续做下去,因为问题必然是立体问题。若能求出 $y^2$ 的值,我们可以利用它把前面的方程分成另外两个方程,其中每个都是二次的,它们的根与原方程的根相同。替代

$$+x^4 \pm px^2 \pm qx \pm r = 0,$$

我们可写出两个方程：

$$+x^2-yx+\frac{1}{2}y^2\pm\frac{1}{2}p\pm\frac{q}{2y}=0$$

和 $$+x^2+yx+\frac{1}{2}y^2\pm\frac{1}{2}p\pm\frac{q}{2y}=0。$$

对于双符号，当 $p$ 取加号时，在每个新方程中就取 $+\frac{1}{2}p$；

当 $p$ 取减号时，就取 $-\frac{1}{2}p$。若 $q$ 取加号，则当我们取

$-yx$ 时，相应地取 $+\frac{q}{2y}$，当取 $+yx$ 时，则用 $-\frac{q}{2y}$；若 $q$

取负号，情况正好相反。所以，我们容易确定所论方程

的所有的根。接着，我们只要使用圆和直线即可完成与

方程的解相关的问题的作图。

例如，我们以 $y^6-34y^4+313y^2-400=0$ 替代

$x^4-17x^2-20x-6=0$，我们可求出 $y^2=16$；于是替代

$+x^4-17x^2-20x-6=0$ 的两个方程为 $+x^2-4x-3=0$

和 $+x^2+4x+2=0$。因为 $y=4,\frac{1}{2}y^2=8,p=17,$

$q=20$，故有

$$+\frac{1}{2}y^2 - \frac{1}{2}p - \frac{q}{2y} = -3$$

和 $$+\frac{1}{2}y^2 - \frac{1}{2}p + \frac{q}{2y} = +2。$$

我们求出这两个方程的根,也就得到了含 $x^4$ 的那个方程的根,它们一个是真根 $\sqrt{7}+2$,三个是假根 $\sqrt{7}-2$,$2+\sqrt{2}$ 和 $2-\sqrt{2}$。当给定 $x^4 - 4x^2 - 8x + 35 = 0$ 时,我们得到 $y^6 - 8y^4 - 124y^2 - 64 = 0$;因后一方程的根是 16,我们必定可写出 $x^2 - 4x + 5 = 0$ 和 $x^2 + 4x + 7 = 0$。

因为对于这一情形,

$$+\frac{1}{2}y^2 - \frac{1}{2}p - \frac{q}{2y} = 5$$

且 $$+\frac{1}{2}y^2 - \frac{1}{2}p + \frac{q}{2y} = 7。$$

这两个方程既无真根亦无假根,由此可知,原方程的四个根都是虚的;跟方程的解相关的问题是平面问题,但其作图却是不可能的,因为那些给定的量不能协调一致。

类似地,对已给的

$$z^4 + \left(\frac{1}{2}a^2 - c^2\right)z^2 - (a^3 + ac^2)z + \frac{5}{16}a^4 - \frac{1}{4}a^2c^2 = 0,$$

因我们得出了 $y^2 = a^2 + c^2$，所以必定可写出

$$z^2 - \sqrt{a^2 + c^2}\, z + \frac{3}{4}a^2 - \frac{1}{2}a\sqrt{a^2 - c^2} = 0$$

和

$$z^2 + \sqrt{a^2 + c^2}\, z + \frac{3}{4}a^2 + \frac{1}{2}a\sqrt{a^2 + c^2} = 0。$$

由于 $y = \sqrt{a^2 + c^2}$，$+\dfrac{1}{2}y^2 + \dfrac{1}{2}p = \dfrac{3}{4}a^2$，且

$\dfrac{p}{2y} = \dfrac{1}{2}a\sqrt{a^2 + c^2}$，故我们有

$$z = \frac{1}{2}\sqrt{a^2 + c^2} + \sqrt{-\frac{1}{2}a^2 + \frac{1}{4}c^2 + \frac{1}{2}a\sqrt{a^2 + c^2}}$$

或

$$z = \frac{1}{2}\sqrt{a^2 + c^2} - \sqrt{-\frac{1}{2}a^2 + \frac{1}{4}c^2 + \frac{1}{2}a\sqrt{a^2 + c^2}}。$$

### 利用简约手段的例证

为了强调这条法则的价值，我将用它来解决一个问题。给定正方形 $AD$ 和直线段 $BN$，要求延长 $AC$ 边至 $E$，使得在 $EB$ 上以 $E$ 为始点标出的 $EF$ 等于 $NB$。（图 3.2）

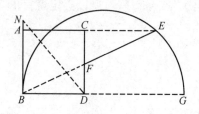

**图 3.2**

帕普斯指出,若 $BD$ 延长至 $G$,使得 $DG=DN$,并以 $BG$ 为直径在其上作一圆,则直线 $AC$(延长后)与此圆的圆周的交点即为所求的点。

不熟悉此种作图的人可能不会发现它。如果他们运用此处提议的方法,他们绝不会想到取 $DG$ 为未知量,而会去取 $CF$ 或 $FD$,因为后两者中的任何一个都能更加容易地导出方程。他们会得到一个方程,但不借助于我刚刚解释过的法则,解起来不容易。

比如,令 $a$ 表示 $BD$ 或 $CD$,$c$ 表示 $EF$,$x$ 表示 $DF$,我们有 $CF=a-x$;又因 $CF$ 比 $FE$ 等于 $FD$ 比 $BF$,我们可写作

$$(a-x):c=x:BF,$$

因此 $BF = \dfrac{cx}{a-x}$。在直角三角形 $BDF$ 中,其边为 $x$ 和 $a$,

它们的平方和 $x^2 + a^2$ 等于斜边的平方,即 $\dfrac{c^2 x^2}{x^2 - 2ax + a^2}$。

两者同用 $x^2 - 2ax + a^2$ 乘,我们得到方程

$$x^4 - 2ax^3 + 2a^2 x^2 - 2a^3 x + a^4 = c^2 x^2,$$

或 $\qquad x^4 - 2ax^3 + (2a^2 - c^2)x^2 - 2a^3 x + a^4 = 0。$

根据前述法则,我们便可知道其根,即直线段 $DF$ 的长

度为

$$\frac{1}{2}a + \sqrt{\frac{1}{4}a^2 + \frac{1}{4}c^2} - \sqrt{\frac{1}{4}c^2 - \frac{1}{2}a^2 + \frac{1}{2}a\sqrt{a^2 + c^2}}。$$

另外,若我们将 $BF$, $CE$ 或 $BE$ 作为未知量,我们也

会得到一个四次方程,但解起来比较容易,得到它也相

当简单。

若利用 $DG$,则得出方程将相当困难,但解方程十分

简单。我讲这些只是为了提醒你,当所提出的问题不是

立体问题时,若用某种方法导出了非常复杂的方程,那么

一般而论,必定存在其他的方法能找到更简单的方程。

我可以再讲几种不同的、用于解三次或四次方程的

法则,不过它们也许是多余的,因为任何一个平面问题的作图都可用已给出的法则解决。

## 简约四次以上方程的一般法则

我倒想说说有关五次、六次或更高次的方程的法则,不过我喜欢把它们归总在一起考虑,并叙述下面这个一般法则:

首先,尽力把给定方程变成另一种形式,它的次数与原方程相同,但可由两个次数较低的方程相乘而得。假如为此所做的一切努力都不成功,那么可以肯定所给方程不能约化为更简单的方程;所以,若它是三次或四次的,则依赖于该方程的问题就是立体问题;若它是五次或六次的,则问题的复杂性又增高一级,以此类推。我略去了大部分论述的论证,因为对于我来说太简单;如果你能不怕麻烦地对它们系统地进行检验,那么论证本身就会显现在你面前,就学习而论,这比起只是阅读更有价值。

## 所有简约为三次或四次方程的立体问题
## 的一般作图法则

若确知所提出的是立体问题,那么无论问题所依赖的方程是四次的或仅是三次的,其根总可以依靠三种圆锥截线中的某一种求得,甚或靠它们中某一种的某个部分(无论多么小的一段)加上圆和直线求出。我将满足于在此给出靠抛物线就能将根全部求出的一般法则,因为从某种角度看,它是那些曲线中最简单的。

首先,若方程中的第二项不是零,就将它消去。于是,若给定的方程是三次的,它可化为 $z^3 = \pm apz \pm a^2 q$ 这种形式;若它是四次的,则可化为 $z^4 = \pm apz^2 \pm a^2 qz \pm a^3 r$。当选定 $a$ 作为单位时,前者可写成 $z^3 = \pm pz \pm q$,后者变为 $z^4 = \pm pz^2 \pm qz \pm r$。

设抛物线 $FAG$ 已描绘好;并设 $ACDKL$ 为其轴,$a$ 或 1 为其正焦弦,它等于 $2AC$($C$ 在抛物线内),$A$ 为其顶点。(图 3.3)

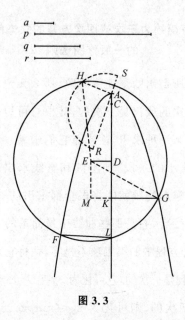

**图 3.3**

截取 $CD = \dfrac{1}{2}p$，使得当方程含有 $+p$ 时，点 $D$ 和点 $A$ 落在 $C$ 的同一侧，而当方程含有 $-p$ 时，它们落在 $C$ 的两侧。然后，在点 $D$（或当 $p=0$ 时，在点 $C$，见图 3.4）处画 $DE$ 垂直于 $CD$，使得 $DE$ 等于 $\dfrac{1}{2}q$；当给定方程是三次（即 $r$ 为零）时，以 $E$ 为圆心、$AE$ 为半径作圆 $FG$。

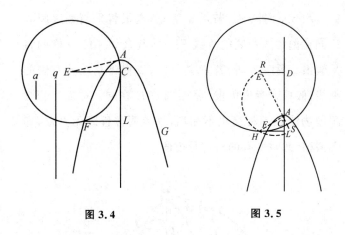

图 3.4　　　　　　　图 3.5

若方程含有 $+r$，那么，在延长了的 $AE$ 的一侧截取 $AR$ 等于 $r$，在另一侧截取 $AS$ 等于抛物线的正焦弦，即等于 1；然后，以 $RS$ 为直径在其上作圆。于是，若画 $AH$ 垂直于 $AE$，它将与圆 $RHS$ 在点 $H$ 相交，另一圆 $FHG$ 必经过此点。（图 3.5）

若方程含有 $-r$，以 $AE$ 为直径在其上作圆，在圆内嵌入一条等于 $AH$ 的线段 $AI$；那么，第一个圆必定经过点 $I$。（图 3.6）

现在，圆 $FG$ 可能在 1 个，2 个，3 个或 4 个点处与抛物线相交或相切；如果从这些点向轴上引垂线，它们就代表了方程所有的根，或是真根，或是假根。（图 3.3，图

3.4,图3.5,图3.6)若量 $q$ 为正,真根将是诸如跟圆心
$E$ 同在抛物线一侧的垂线 $FL$;而其余如 $GK$ 这样的将
是假根。另一方面,若 $q$ 是负的,真根将是在另一侧的
垂线,假根或者说负根①将跟圆心 $E$ 在同一侧面。若圆
跟抛物线既不相交也不相切,这表明方程既无真根,亦
无假根,此时所有的根都是虚的。

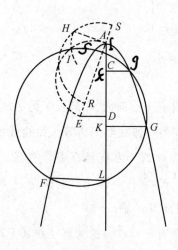

图 3.6

① 笛卡儿在这里首次直接使用"假根"的同义语"负根",原文为
"Les fausses ou moindres que rien",直译为:假根或比无还小的根。——
译者注

　　这条法则显然正是我们所能期待的,既具一般性又是很完全的法则,要论证它也十分容易。若以 $z$ 代表如上作出的直线段 $GK$(图 3.7),那么 $AK$ 为 $z^2$,因为据抛物线的性质可知,$GK$ 是 $AK$ 跟正焦弦(它等于 1)之间的比例中项。

　　所以,从 $AK$ 中减去 $AC$ 或 $\dfrac{1}{2}$ 及 $CD$ 或 $\dfrac{1}{2}p$ 之后,所余的正是 $DK$ 或 $EM$,它等于 $z^2 - \dfrac{1}{2}p - \dfrac{1}{2}$,其平方为

$$z^4 - pz^2 - z^2 + \frac{1}{4}p^2 + \frac{1}{2}p + \frac{1}{4}。$$

又因 $DE = KM = \dfrac{1}{2}q$,整条直线段 $GM = z + \dfrac{1}{2}q$,$GM$ 的平方等于 $z^2 + qz + \dfrac{1}{4}q^2$。将上述两个平方相加,我们得

$$z^4 - pz^2 + qz + \frac{1}{4}q^2 + \frac{1}{4}p^2 + \frac{1}{2}p + \frac{1}{4}。$$

此即 $GE$ 的平方,因 $GE$ 是直角三角形 $EMG$ 的斜边。

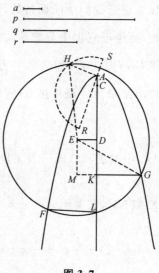

**图 3.7**

但 $GE$ 又是圆 $FG$ 的半径,因此可用另一种方式表示。因 $ED = \frac{1}{2}q$,$AD = \frac{1}{2}p + \frac{1}{2}$,$ADE$ 是直角,我们可得

$$EA = \sqrt{\frac{1}{4}q^2 + \frac{1}{4}p^2 + \frac{1}{2}p + \frac{1}{4}}。$$

于是,由 $HA$ 是 $AS$(或 1)跟 $AR$(或 $r$)之间的比例中项,可得 $HA = \sqrt{r}$;又因 $EAH$ 是直角,$HE$ 或 $EG$ 的平

方为

$$\frac{1}{4}q^2 + \frac{1}{4}p^2 + \frac{1}{2}p + \frac{1}{4} + r,$$

我们从这个表达式和已得到的那个式子可导出一个方程。该方程形如 $z^4 = pz^2 - qz + r$，从而证明了直线段 $GK$，或者说 $z$ 是这个方程的根。当你对所有其他的情形应用这种方法时，只需将符号做适当的变化，你会确信它的用途，因此，我无须再就这种方法多费笔墨。

## 对比例中项的求法

现在让我们利用此法求直线段 $a$ 和 $q$ 之间的两个比例中项。显然，若我们用 $z$ 表示两比例中项中的一个，则有 $a : z = z : \frac{z^2}{a} = \frac{z^2}{a} : \frac{z^3}{a^2}$。我们由此得到 $q$ 和 $\frac{z^3}{a^2}$ 之间关系的方程，即 $z^3 = a^2 q$。

以 $AC$ 方向为轴描绘一条抛物线 $FAG$，$AC$ 等于 $\frac{1}{2}a$，即等于正焦弦的一半。然后，作 $CE$ 等于 $\frac{1}{2}q$，它在点 $C$ 与 $AC$ 垂直；并描绘以 $E$ 为圆心、通过 $A$ 的圆 $AF$。于

是,$FL$ 和 $LA$ 为所求的比例中项。(图 3.8)

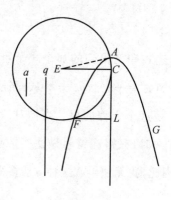

**图 3.8**

## 角的三等分

再举一例,设要求将角 $NOP$,或更贴切地说将圆弧 $NQTP$ 分成三等分。令 $NO=1$ 为该圆的半径,$NP=q$ 为给定弧所对的弦,$NQ=z$ 为该弧的三分之一所对的弦,于是,方程应为 $z^3=3z-q$。因为,联结 $NQ,OQ$ 和 $OT$,并引 $QS$ 平行于 $TO$,显然可知 $NO$ 比 $NQ$ 等于 $NQ$ 比 $QR$,且等于 $QR$ 比 $RS$。又因 $NO=1$,$NQ=z$,故 $QR=z^2$,$RS=z^3$;由于 $NP$(或 $q$)跟 $NQ$(或 $z$)的三倍

相比只差 $RS$（或 $z^3$），我们立即得到 $q = 3z - z^3$，或 $z^3 = 3z - q$。［图 3.9(1)］

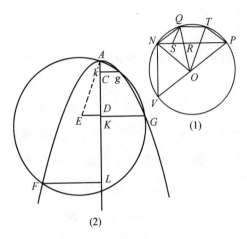

图 3.9

描绘一条抛物线 $FAG$，使得正焦弦的二分之一 $CA$ 等于 $\dfrac{1}{2}$；取 $CD = \dfrac{3}{2}$，垂线 $DE = \dfrac{1}{2}q$；然后，以 $E$ 为圆心作过 $A$ 的圆 $FAgG$。该圆与抛物线除顶点 $A$ 外还交于三点 $F, g$ 和 $G$。这说明已得的方程有三个根，即两个真根 $GK$ 和 $gk$，一个假根 $FL$。两个根中的较小者 $gk$ 应取作所求直线段 $NQ$ 的长，因另一个根 $GK$ 等于 $NV$，而 $NV$ 弦所

对的弧为 *VNP* 弧的三分之一,弧 *VNP* 跟弧 *NQP* 合在一起组成一个圆;假根 *FL* 等于 *QN* 和 *NV* 的和,这是容易证明的。[图 3.9(2)]

## 所有立体问题可约化为上述两种作图

我不需要再举另外的例子,因为除了求两个比例中项和三等分一个角之外,所有立体问题的作图都不必用到这条法则。你只要注意以下几点,上述结论便一目了然:这些问题中之最困难者都可由三次或四次方程表示;所有四次方程又都能利用别的不超过三次的方程约简为二次方程;最后,那些三次方程中的第二项都可消去;故每一个方程可化为如下形式中的一种:

$$z^3 = -pz + q, \quad z^3 = +pz + q, \quad z^3 = +pz - q.$$

若我们得到的是 $z^3 = -pz + q$,根据被卡当(Cardan)[①]归在西皮奥·费雷乌斯(Scipio Ferreus)名下的一条法则,我们可求出其根为

---

① 卡当,文艺复兴时期意大利著名数学家。——编辑注

$$\sqrt[3]{\frac{1}{2}q+\sqrt{\frac{1}{4}q^2+\frac{1}{27}p^3}}-\sqrt[3]{-\frac{1}{2}q+\sqrt{\frac{1}{4}q^2+\frac{1}{27}p^3}}。$$

类似地,当我们得到 $z^3=+pz+q$,且其中最后一项的一半的平方大于倒数第二项中已知量的三分之一的立方时,我们根据卡当的法则求出的根为

$$\sqrt[3]{\frac{1}{2}q+\sqrt{\frac{1}{4}q^2-\frac{1}{27}p^3}}+\sqrt[3]{\frac{1}{2}q-\sqrt{\frac{1}{4}q^2-\frac{1}{27}p^3}}。$$

很清楚,所有能约简成这两种形式的方程中任一种的问题,除了对某些已知量开立方根之外,无须利用圆锥截线就能完成其作图,而开立方根等价于求该量跟单位之间的两个比例中项。若我们得到 $z^3=+pz+q$,其中最后一项之半的平方不大于倒数第二项中已知量的三分之一的立方,则以等于 $\sqrt{\frac{1}{3}p}$ 的 $NO$ 为半径作圆 $NQPV$,$NO$ 即单位跟已知量 $p$ 的三分之一两者间的比例中项。然后,取 $NP=\dfrac{3q}{p}$,即让 $NP$ 与另一已知量 $q$ 的比等于 $1$ 与 $\dfrac{1}{3}p$ 的比,并使 $NP$ 内接于圆。将两段弧 $NQP$ 和 $NVP$ 各自分成三个相等的部分,所求的根即为

$NQ$ 与 $NV$ 之和,其中 $NQ$ 是第一段弧的三分之一所对的弦,$NV$ 是第二段弧的三分之一所对的弦。(图 3.10)

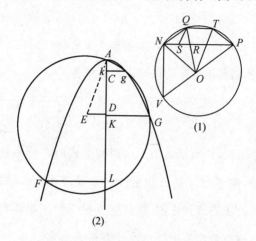

(1)

(2)

**图 3.10**

最后,假设我们得到的是 $z^3 = pz - q$。作圆 $NQPV$,

其半径 $NO$ 等于 $\sqrt{\dfrac{1}{3}p}$,令 $NP$ (它等于 $\dfrac{3q}{p}$) 内接于此

圆;那么,弧 $NQP$ 的三分之一所对的弦 $NQ$ 将是第一个所求的根,而另一段弧的三分之一所对的弦 $NV$ 是第二个所求的根。我们必须考虑一种例外情形,即最后一项之半的平方大于倒数第二项中已知量的三分之一的

立方;此时,直线段 $NP$ 无法嵌在圆内,因为它比直径还

长。在这种情形下,原是真根的那两个根成了虚根,而

唯一的实根是先前的那个假根,据卡当的法则,它应为

$$\sqrt[3]{\frac{1}{2}q+\sqrt{\frac{1}{4}q^2-\frac{1}{27}p^3}}+\sqrt[3]{\frac{1}{2}q-\sqrt{\frac{1}{4}q^2-\frac{1}{27}p^3}}。$$

## 表示三次方程的所有根的方法,
## 此法可推广到所有四次方程的情形

还应该说明,这种依据根与某些立方体(我们仅知

道它的体积)的边的关系表示根的方法,绝不比另一种

方法更清晰和简单,后者依据的是根与某些弧段(或者

说圆上的某些部分)所对弦的关系,此时我们已知的是

弧段的三倍长。那些无法用卡当的方法求出的三次方

程的根,可用这里指出的方法表示,使得其像任何其他

方程的根一样清晰,甚至更加清晰。

例如,可以认为我们知道了方程 $z^3=-qz+p$ 的一

个根,因为我们知道它是两条直线段的和,其中之一是

一个立方体的边,该立方体的体积为 $\frac{1}{2}q$ 加上面积为

$\frac{1}{4}q^2 - \frac{1}{27}p^3$ 的正方形的边；另一条是另外一个立方体

的边，此立方体的体积等于 $\frac{1}{2}q$ 减去面积为 $\frac{1}{4}q^2 - \frac{1}{27}p^3$

的正方形的边。这就是卡当的方法所提供的有关根的

情况。无须怀疑，当方程 $z^3 = +qz - p$ 的根的值被看成

是嵌在半径为 $\sqrt{\frac{1}{3}p}$ 的圆上的弦的长度（该弦所对的弧

为长度等于 $\frac{3q}{p}$ 的弦所对的弧的三分之一）时，我们能更

清楚地想象它、了解它。

确实，这些术语比其他说法简单得多；当使用特殊
符号来表示所论及的弦时，表述就更精练了，正如使用
符号 $\sqrt[3]{\phantom{x}}$ 来表示立方体的边一样。

运用跟已解释过的方法类似的方法，我们能够表示
任何四次方程的根，我觉得我无须在这方面做进一步的
探究；由于其性质所定，我们已不可能用更简单的术语
来表示这些根了，也不可能使用更简单同时又更具普遍
性的作图法来确定它们。

## 为何立体问题的作图非要用圆锥截线，
## 解更复杂的问题需要其他更复杂的曲线

　　我还一直没有说明为什么我敢于宣称什么是可能、什么是不可能的理由。但是，假如记住我所用的方法是把出现在几何学家面前的所有问题，都约化为单一的类型，即化为求方程的根的值的问题，那么，显然可以列出一张包括所有求根方法的一览表，从而很容易证明我们的方法最简单、最具普遍性。特别地，如我已说过的，立体问题非利用比圆更复杂的曲线不能完成其作图。由此事实立即可知，它们都可约化为两种作图，其一即求两条已知直线段之间的两个比例中项，其二是求出将给定弧分成三个相等部分的两个点。因为圆的弯曲度仅依赖于圆心和圆周上所有点之间的简单关系，所以圆仅能用于确定两端点间的一个点，如求两条给定直线段之间的一个比例中项或平分一段给定的弧；另外，圆锥截线的弯曲度要依赖两种不同的对象，因此可用于确定两个不同的点。

基于类似的理由, 复杂程度超过立体问题的任何问题, 包括求四个比例中项或是分一个角为五个相等的部分, 都不可能利用圆锥截线中的一种完成其作图。

因此我相信, 在我给出那种普遍的法则, 即如前面已解释过的、利用抛物线和直线的交点所描绘的曲线来解决所给问题的作图之后, 我实际上已能解决所有可能解决的问题; 我确信, 不存在性质更为简单的曲线能服务于这一目标, 你也已经看到, 在古代人给予极大注意的那个问题中, 这种曲线紧随在圆锥截线之后。在解决这类问题时顺次提出了所有应被接纳入几何的曲线。

## 需要不高于六次的方程的
## 所有问题之作图的一般法则

当你为完成这类问题的作图而寻找需要用到的量时, 你已经知道该怎样办就必定能写出一个方程, 它的次数不会超过五或六。你还知道如何使方程的根增大, 从而使它们都成为真根, 同时使第三项中的已知量大于第二项中的已知量之半的平方。还有, 若方程不超过五次, 它总能变为一个六次方程, 并使得方程不缺项。

　　为了依靠上述单一的法则克服所有这些困难,我现在来考虑所有使用过的办法,将方程约化为如下形式:

$$y^6 - py^5 + qy^4 - ry^3 + sy^2 - ty + u = 0,$$

其中,$q$ 大于 $\frac{1}{2}p$ 的平方。

　　$BK$ 沿两个方向随意延长,在点 $B$ 引 $AB$ 垂直于 $BK$,且等于 $\frac{1}{2}p$。在分开的平面上描绘抛物线 $CDF$,其主正焦弦为

$$\sqrt{\frac{t}{\sqrt{u}} + q - \frac{1}{4}p^2},$$

我们用 $n$ 代表它。

　　现在,把画有该抛物线的平面放到画有直线 $AB$ 和 $BK$ 的平面上,让抛物线的轴 $DE$ 落在直线 $BK$ 上。取点 $E$,使 $DE = \frac{2\sqrt{u}}{pn}$,并放置一把直尺连接点 $E$ 和下层平面上的点 $A$。持着直尺使它总是连着这两个点,再上下拉动抛物线而令其轴不离开 $BK$。于是,抛物线与直线的交点 $C$ 将描绘出一条曲线 $ACN$,它可用于所提问题的作图。(图 3.11)

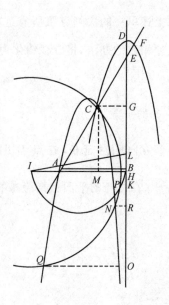

**图 3.11**

描绘出这条曲线后,在抛物线凹的那边取定 $BK$ 上

的一个点 $L$,使 $BL = DE = \dfrac{2\sqrt{u}}{pn}$;然后,在 $BK$ 上朝 $B$

的方向画出 $LH$ 等于 $\dfrac{t}{2n\sqrt{u}}$,并从 $H$ 在曲线 $ACN$ 所在

的那侧引 $HI$ 垂直于 $LH$。取 $HI$ 等于

$$\frac{r}{2n^2} + \frac{\sqrt{u}}{n^2} + \frac{pt}{4n^2\sqrt{u}},$$

为简洁起见，我们可令其为 $\dfrac{m}{n^2}$。我们再连接 $L$ 和 $I$，以

$LI$ 为直径并在其上描绘圆 $LPI$；然后，在该圆内嵌入等

于 $\sqrt{\dfrac{s+p\sqrt{u}}{n^2}}$ 的直线段 $LP$。

最后，以 $I$ 为圆心画过 $P$ 的圆 $PCN$。这个圆与曲线 $ACN$ 相交或相切的点数跟方程具有的根的数目一样多；因此，由这些点引出的与 $BK$ 垂直的 $CG$，$NR$，$QO$ 等垂线段就是所求的根。这条法则绝不会失效，也不允许任何例外发生。

因为，若量 $s$ 与其他的量 $p$，$q$，$r$，$t$，$u$ 相比如此之大，以至直线段 $LP$ 比圆 $LI$ 的直径还长，根本不可能嵌在圆内，那么，所论问题的每一个根将都是虚根；若圆 $IP$ 如此之小，以至跟曲线 $ACN$ 没有任何交点，方程的根也皆是虚根。一般而论，圆 $IP$ 将跟曲线 $ACN$ 交于六个不同的点，即方程可有六个不同的根。如果交点不足此数，说明某些根相等或有的是虚根。

当然，如果你觉得用移动抛物线描绘曲线 $ACN$ 的方法太麻烦，那么还有许多其他的办法。我们可以如前

一样取定 $AB$ 和 $BL$，让 $BK$ 等于该抛物线的正焦弦；并描绘出半圆 $KST$，使其圆心在 $BK$ 上，与 $AB$ 交于某点 $S$。然后，从半圆的端点 $T$ 出发，向 $K$ 的方向取 $TV$ 等于 $BL$，再连接 $S$ 和 $V$。过 $A$ 引 $AC$ 平行于 $SV$，并过 $S$ 引 $SC$ 平行于 $BK$；那么，$AC$ 和 $SC$ 的交点 $C$ 就是所求曲线上的一个点。用这种方法，我们可以如愿找出位于该曲线上的任意多个点。（图 3.12）

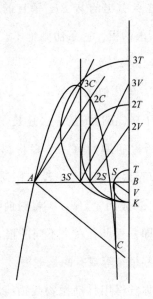

**图 3.12**

以上结论的证明是非常简单的。置直尺 $AE$ 和抛物线 $FD$ 双双经过点 $C$。这是总能办到的,因为 $C$ 落在曲线 $ACN$ 上,而后者是由该抛物线和直尺的交点描绘出来的。

若我们令 $CG = y$,则 $GD$ 将等于 $\dfrac{y^2}{n}$,因为正焦弦 $n$ 与 $CG$ 的比等于 $CG$ 与 $GD$ 的比。于是,$DE = \dfrac{2\sqrt{u}}{pn}$,从 $GD$ 中减去 $DE$,我们得 $GE = \dfrac{y^2}{n} - \dfrac{2\sqrt{u}}{pn}$。因为 $AB$ 比 $BE$ 等于 $CG$ 比 $GE$,且 $AB$ 等于 $\dfrac{1}{2}p$,因此,$BE = \dfrac{py}{2n} - \dfrac{\sqrt{u}}{ny}$。

现令 $C$ 为由直线 $SC$(它平行于 $BK$)和 $AC$(它平行于 $SV$)的交点所生成的曲线上的一个点。并令 $SB = CG = y$,抛物线的正焦弦 $BK = n$。那么,$BT = \dfrac{y^2}{n}$,因为 $KB$ 比 $BS$ 等于 $BS$ 比 $BT$;又因 $TV = BL = \dfrac{2\sqrt{u}}{pn}$,我们得 $BV = \dfrac{y^2}{n} - \dfrac{2\sqrt{u}}{pn}$。同样,$SB$ 比 $BV$ 等于 $AB$ 比

$BE$,其中 $BE$ 如前一样等于 $\dfrac{py}{2n} - \dfrac{\sqrt{u}}{ny}$。显然,由这两种

方法描绘出了同一条曲线。(图 3.13)

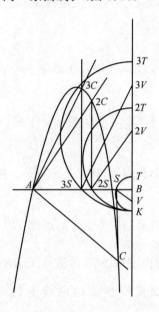

**图 3.13**

而且,$BL = DE$,故 $DL = BE$;又 $LH = \dfrac{t}{2n\sqrt{u}}$ 及

$$DL = \frac{py}{2n} - \frac{\sqrt{u}}{ny},$$

因此，

$$DH = LH + DL = \frac{py}{2n} - \frac{\sqrt{u}}{ny} + \frac{t}{2n\sqrt{u}}。$$

又因 $GD = \dfrac{y^2}{n}$，故

$$GH = DH - GD = \frac{py}{2n} - \frac{\sqrt{u}}{ny} + \frac{t}{2n\sqrt{u}} - \frac{y^2}{n}，$$

此式可写成

$$GH = \frac{-y^3 + \frac{1}{2}py^2 + \frac{ty}{2\sqrt{u}} - \sqrt{u}}{ny}，$$

由此可得 $GH$ 的平方为

$$\frac{y^6 - py^5 + \left(\frac{1}{4}p^2 - \frac{t}{\sqrt{u}}\right)y^4 + \left(2\sqrt{u} + \frac{pt}{2\sqrt{u}}\right)y^3 + \left(\frac{t^2}{4u} - p\sqrt{u}\right)y^2 - ty + u}{n^2 y^2}。$$

无论取曲线上的哪一点为 $C$，也不论它接近 $N$ 或接近 $Q$，我们总是能够用上述同样的项和连接符号表示 $BH$ 之截段（即点 $H$ 与由 $C$ 向 $BH$ 所引垂线的垂足间的连线）的平方。（图 3.14）

再者，$IH = \dfrac{m}{n^2}$，$LH = \dfrac{t}{2n\sqrt{u}}$，由此可得

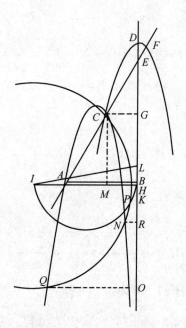

图 3.14

$$IL = \sqrt{\frac{m^2}{n^4} + \frac{t^2}{4n^2 u}},$$

因为角 $IHL$ 是直角；又因

$$LP = \sqrt{\frac{s}{n^2} + \frac{p\sqrt{u}}{n^2}},$$

且角 $IPL$ 是直角，故 $IC = IP = \sqrt{\frac{m^2}{n^4} + \frac{t^2}{4n^2 u} - \frac{s}{n^2} - \frac{p\sqrt{u}}{n^2}}$。

现引 $CM$ 垂直于 $IH$，且

$$IM = HI - HM = HI - CG = \frac{m}{n^2} - y;$$

由此可得 $IM$ 的平方为 $\frac{m^2}{n^4} - \frac{2my}{n^2} + y^2$。

从 $IC$ 的平方中减去 $IM$ 的平方，所余的即为 $CM$ 的平方：

$$\frac{t^2}{4n^2u} - \frac{s}{n^2} - \frac{p\sqrt{u}}{n^2} + \frac{2my}{n^2} - y^2,$$

此式等于上面求得的 $GH$ 的平方。它可写成

$$\frac{-n^2y^4 + 2my^3 - p\sqrt{u}\,y^2 - sy^2 + \frac{t^2}{4u}y^2}{n^2y^2}。$$

现在，式中的 $n^2y^4$ 用 $\frac{t}{\sqrt{u}}y^4 + qy^4 - \frac{1}{4}p^2y^4$ 代替，$2my^3$

用 $ry^3 + 2\sqrt{u}\,y^3 + \frac{pt}{2\sqrt{u}}y^3$ 代替。在两个部分[1]皆以

$n^2y^2$ 乘之后，我们得到

$$y^6 - py^5 + \left(\frac{1}{4}p^2 - \frac{t}{\sqrt{u}}\right)y^4 + \left(2\sqrt{u} + \frac{pt}{2\sqrt{u}}\right)y^3 + \left(\frac{t^2}{4u} - p\sqrt{u}\right)y^2 - ty + u$$

---

[1] 指 $GII$ 的平方和 $CM$ 的平方。——译者注

等于

$$\left(\frac{1}{4}p^2-q-\frac{t}{\sqrt{u}}\right)y^4+\left(r+2\sqrt{u}+\frac{pt}{2\sqrt{u}}\right)y^3+\left(\frac{t^2}{4u}-s-p\sqrt{u}\right)y^2,$$

即

$$y^6-py^5+qy^4-ry^3+sy^2-ty+u=0,$$

由此可见,直线段 $CG$,$NR$,$QO$ 等都是这个方程的根。

若我们想要找出直线段 $a$ 和 $b$ 之间的四比例中项,并令第一个比例中项为 $x$,则方程为 $x^5-a^4b=0$ 或 $x^6-a^4bx=0$。设 $y-a=x$,我们得

$$y^6-6ay^5+15a^2y^4-20a^3y^3+15a^4y^2-(6a^5+a^4b)y+a^6+a^5b=0.$$

因此,我们必须取 $AB=3a$;抛物线的正焦弦 $BK$ 必须为

$$\sqrt{\frac{6a^3+a^2b}{\sqrt{a^2+ab}}+6a^2},$$

我称之为 $n$。$DE$ 或 $BL$ 将为

$$\frac{2a}{3n}\sqrt{a^2+ab}.$$

然后,描绘出曲线 $ACN$,我们必定有

$$LH=\frac{6a^3+a^2b}{2n\sqrt{a^2+ab}},$$

$$HI = \frac{10a^3}{n^2} + \frac{a^2}{n^2}\sqrt{a^2+ab} + \frac{18a^4+3a^3b}{2n^2\sqrt{a^2+ab}},$$

及

$$LP = \frac{a}{n}\sqrt{15a^2 + 6a\sqrt{a^2+ab}}\,。$$

因为以 $I$ 为圆心的圆将通过如此找出的点 $P$,并跟曲线交于两点 $C$ 与 $N$,若我们引垂线 $NR$ 和 $CG$,从较长的 $CG$ 中减去较短的 $NR$,所余的部分将是 $x$,即我们希望得到的四比例中项中的第一个。

　　这种方法也可用于将一个角分成五个相等的部分,在圆内嵌入一正十一边形或正十三边形,以及无数其他的问题。不过,应该说明,在许多问题中,我们可能碰到圆与第二类抛物线斜交的情形而很难准确地定出交点。此时,这种作图法就失去了实际价值。克服这个困难并不难,只要搞出另一些与此类似的法则即可,而且有千百条不同的道路通向那些法则。

　　我的目标不是撰写一本大部头的书;我试图在少量的篇幅中蕴含丰富的内容。这一点你也许能从我的行文中加以推断:当我把同属一类的问题化归为单一的一种作图时,我同时就给出了把它们转化为其他无穷多种情形的方法,于是又给出了通过无穷多种途径解其中每个问题的方法;我利用直线与圆的相交完成了所有平面问题的作图,并利用抛物线和圆的相交完成了所有立体问题的作图;最后,我利用比抛物线高一次的曲线和圆的相交,完成了所有复杂程度高一层的问题。对于复杂程度越来越高的问题,我们只要遵循同样的、具有普遍性的方法,就能完成其作图;就数学的进步而言,只要给出前二、三种情形的做法,其余的就很容易解决。

我希望后世会给予我仁厚的评判,不单是因为我对许多事情做出的解释,而且也因为我有意省略了的内容——那是留给他人享受发现之愉悦的。

# 附录　方法谈(节选)<sup>①</sup>

## 彭基相　译

### 第 1 章　关于科学的各种研究

好的理由<sup>②</sup>是宇宙中每个人都具有的东西;因为每个人都以为他自己具有很丰富的理性,即使是那些最难喜欢一切别的事物的人,他们也不会觉得自己的理性不够,而想要更多一点。这句话表面看来不免有错误,但是这或许更足以证明判断与辨别真伪的力量,这种力量正当说来可以称之为好的理由或理性,本来就是人人都

---

① 该中译本最初以"方法论"为书名出版于 1933 年。节选内容尽量保持原书行文风格,即早期白话文风格,一些内容参考其他译本做了调整。——编辑注

② 法文 Le bon sens 在笛卡儿此书中所用的意义,与良心、好的理由、理性等相类似,此处我不译作"良心"而译作"好的理由",是因为怕与道德上的良心相混。——译者注

具有的。之所以意见不同，并不是因为这个人比那个人更有理性，只是因为我们的思想在不同的方向上发展，只是因为每个人研究的对象并不相同。所以仅有好的心灵还是不够；最主要的还是要善用这种心灵。最伟大的灵魂能成最大的善，也能成最大的恶；[①]假使有人顺一条直路走，虽然他走得慢，但假使他天天走，比那一时跑一时停的人终究是要在前的。

至于我自己绝不敢以为我的心灵比普通人完全些；我甚至希望能与他人有相同敏锐的思想、清楚的想象，或丰富的记忆。除此以外，我不知尚有何种性质能使心灵完全；因为只有理性或觉知能使我们成为人，并使我们与动物不同，我只得相信每个人都有完全的理性，关于这一点我与普通哲学家的意见相同，他们说理性或多或少是"偶然的"[②]，并不影响在同类中之个人的"形式"

①　柏拉图说知的能力是一种神圣的、绝不失其善的性质；这种性质能变成有用或无用，有益或无益，要看指导的人如何。这几句话可以作为笛氏这儿的注脚，换言之，即理性原为人人所具有，如善用之则为善，误用之则为恶。——译者注

②　所谓"偶然的"（accident）即谓不是事物的必然性，例如人或高或矮，或黑或白，这都是人的偶然性。至于"形式"则相反，系事物之本性，例如理性即为人的本性，因为无理性即不足为人。——译者注

或性质。

但是我可以大胆地说，我真的有很大的幸福，自幼年以来，我能寻到几条道路，领我到学问与公理的研究，由此我形成一种方法，借这种方法的帮助，我的知识渐渐增加，日积月累，此种知识竟达于最高点，几为我孱弱的能力与短短的生命所难于达到。因为由此我已获得如此的成果，所以虽然我对自己的评判一贯从严，往往自我贬抑，不敢自负，虽然我用哲学家的眼光看世人的种种行动都似乎是无味，但我对于自己研究真理所取得的进步仍然极为满意，并且对于将来我有如此的希望①，即在人所从事的职务中，如果说有最好的与最重要的事业，我敢说这就是我所选择的那一种。

然而有时我自己也会受骗，我也会把铜当作金，把玻璃当作宝石。与我们自身有关的事情，我们不知受了多少的欺骗，还有我们朋友的判断，当其有利于我们的时候，我们也应当审慎。但是在这本《方法谈》中，我很

———————

① 在《方法谈》第 6 章中就可以知道这种希望。笛卡儿已知道科学能改造世界。这就是他此处这样说的理由。——译者注

高兴能告诉读者我所走的道路,并且把我的生活清楚地描写出来,因此每一个人可以自己来下判断;我也可以从群众的议论中听取大家对我的意见,以从中获得教益,这种受益的方法是在我平常所用的自我教育的方法之外的新方法。

所以此处我并不是教人一种方法——这种方法是每一个想要正确运用自己的理性的人都应当遵循的,而只是告诉人在何种情形中我如何努力实行我的方法。那些向别人颁布训条的人,一定以为他们自己相较于他人是格外灵巧的,假使他们有些微不到的地方,他们应当受责罚。但是我的这本《方法谈》只能被视为一种传记性的东西,假使你愿意的话,也可以称之为一种故事①,这本书中的内容有些可以遵循,有些或者也不适宜于仿效,我希望它能有用而对于任何人无伤害,我也希望我的坦白能得到大家的认可。

---

① 此字法文原为 fable,与拉丁文 fabula 一词意义相同,故译为"故事"。——译者注

在儿童时代,我已受书本的陶冶,[①]我相信经由这种方法,一个人也能获得对于人生有用的、清楚且确切的知识,所以我曾如饥似渴地学习。但是当我的学业告一段落的时候,即所谓获得毕业学位的时候,我的意见完全改变了。因为我愈学觉得疑难愈多,诚所谓"学然后知不足",即愈学愈发现自己的无知。我曾在欧洲一个著名学校中读过书,我认为在这个学校里面的著名学者,在世界别的地方很难找到。在这个学校里,他人所学的我已都学过了;教给我的学问我不能满意,我可以说读尽了一切的书,即他人认为最奇怪与最不易得的书都能到我的手里。[②]

由此我知道他人对于我所下的判断,并且我也不觉得有人认为我是在我的同学之下,虽然在我的同学中有人能被认为拥有大师的地位。在我们的时代也有丰富伟大的心灵,正如以前的时代一样;这就使我可以自由

---

　　① 这就是指他在拉弗莱什中学时代,受教会的指导研究学问。这种教育只可说是书本教育,与实地观察不同。——译者注

　　② 在后面我们就可以知道,笛卡儿除研究普通的科学以外,还研究许多玄妙的学问,如星相学、魔术等。——译者注

地对所有的人做出判断,认为世界上没有一种学说真正可靠,如我以前所相信的一样。

然而,我并非要将学校的练习置之不理。我知道一个人所学的语言对于了解古代典籍非常重要;读故事可以激励人心,读伟人史传可以鼓舞心灵。读书时如能善为辨别,书本亦可以帮助人形成健全的判断。我知道,读一切好的书就是和过去许多著书的、高尚的人谈话,是在与他们做精湛的交谈,他们向我们呈现其最精粹的思想。我以为口才有一种力量与不可比较的美;诗歌最能感动人,让人去爱;数学能有极高的发明,并且既能满足好奇心,又能促进技艺发展,减少人的劳苦;[①]至于讨论道德的著作不仅含有许多有益的教训,并且含有许多极有用的善良劝告;神学指引人到天堂的道路;哲学给人以方法来谈一切事的真理,引起那些学问较少的人来崇拜;法学、医学与其他一切科学能给研究者以荣耀与财富;最后可以说,研究一切东西都好,即使是最迷信与

---

① 一切科学的进步都与数学有关系,详细情形,笛卡儿将在《方法谈》第 6 章中说及,唯有科学能使我们认识自然。——译者注

最虚伪的东西,由此我们可以知道它们真正的价值,免得为它们所欺骗。

但是我相信我学语言的时间已很多,研读古代典籍、历史及寓言的时间也不少。因为与以前另一个时代的人谈话正如旅行一样。旅行可以使人知道其他民族的风俗习惯,借此可以对于我们自己的风俗习惯有一个公平的判断,不至于像没有见过世面的人一样,总是以为凡与我们不同的就是可笑的,就是反对理性的。但是一个人旅行的时候太多了,对于自己本国就会像是一个外国人;一个人对于过去要是过于好奇,对于现在就会茫然无知。此外,如寓言能使人想象实际上是不可能的事,即使是最忠实的史书,假使没有误传或夸大史实的地方,因为要使之成为有价值的读物,至少会失去最微小与最不引人注意的情境;由此事实可以知道,史书所留存的可能并非原来所有的事实,如果以此为据,很容易成为小说中的侠客,不免有夸张的行为,想出来的计划往往难以实现。

我极重视口才,也极爱诗歌,但此二者我以为是才华的产物,并非研究的结果。凡是具有最强推理的人,与最能组织思想使之明了清楚的人,定有研究真理的最好能力,即使他讲极坏的、布列塔尼的语言,从没有学习过修辞学,也没有什么关系。凡是具有独创的观念,且能用柔和文体表现出来的人,定是一个最好的诗人,虽然他不知道什么是诗的艺术。

各种学问中我最喜欢数学,因为数学有确定的证明与明白的推理;但我仍不能了解其真正用处。想到数学一向只应用于机械的手艺,我便十分惊讶;而对于数学基础之坚固结实,我亦极为惊异,人们竟然没有在它的上面建造起雄伟的建筑来。[①] 另一方面,古代许多异教徒讨论道德的著作好比是富丽堂皇的宫殿,但其基础仍是建筑在沙泥上的。他们把道德看得太高,并且认为道德在世界上的一切事物之上;但是他们不能使我们彻底认识道德,并且他们以美名称呼的往往只是愚蠢、骄傲、失望或凶逆。[②]

---

[①] 此为笛氏主要意见之一,数学之重要性已为近代科学进步所证实,并使哲学本身趋向于数学。——译者注

[②] 笛卡儿对于古代哲学家有较深认识,如斯多葛学派,笛氏即深受其影响。所谓失望是指 Caton d'Utique(即为拥护自由而反对恺撒者),所谓凶逆是指布鲁图杀恺撒的事。——译者注

我尊敬神学，我对于进天堂的希望也与任何人一样。但是我已知道，此为极确定的事实，即到天堂的道路对于极无知识与极有学问的人是一样地开放；由此引出启示的真理远远超过了我们的智识，我不敢将之置于我们微弱的理性之下。我想要研究这种真理，并且能够成功，那必须要有上天的特别帮助，要有超乎人的帮助。

关于哲学我只能说一句话：哲学为几百年来最杰出的人所钻研，然而无一件事不是在争论中，故结果是无一件事不是可疑的，我也不奢望能在哲学中有更好的遭遇。对于同一个问题，也不知有多少不同的意见，并且这些意见均为著名学者所支持；虽然这些意见绝不只一个是真的，但我以为凡是或然的都是伪的。

至于其他的学问，它们的原则都是源于哲学的，我想人很难为之建筑坚固基础。荣耀与利益均不能使我费精神来研究它们，天啊，我从没有想过逼迫我自己利用科学增加我的财富；虽然我不像犬儒学派轻视一切的荣耀，但是除了虚伪的头衔以外，我也并不希望能得到什么荣耀。最后对于那些骗人的学说，我已知道很多，无论是炼金术士的诺言,还是星相家的预言,无论是魔术家的把戏,还是专以假装不知以为知的空吹牛者,都不能够欺骗我。

这就是为什么等到我的年龄刚能离开师长的管束,我即立刻完全放弃了书本的研究。并且我决计追寻一种我自己可以找到的学问,或至少在世界这本大书里面可以找到的学问,所以我利用我青年还未过去的时间,去游历,去参观宫廷与军队,[①]与性情不同、境况不同的人交际,积累各种不同的经验,在各种困难境遇中考验自己,这一切情形都使我忘不了已过去的事,所以我能由我的经验获得不少教益。因为在推理中我似乎得到更多的真理,与其任一个学者在他的研究中专凭玄想而无一点结果,他离开常识愈远,他愈觉得一无所得,还不如叫每一个人特别留心关于他自己的事,假使他的判断错了,由此而来的结果便会惩罚他。如果一个人只从事于玄想,这就证明他是在用很多的心思与才能来做一种不定

---

① 笛卡儿 1612 年中学毕业后,在巴黎住了四年。后即前往荷兰与德国游历。1619 年在德国入伍为军士,至 1629 年复返荷兰,从事其伟大工作。——译者注

的东西。我极想区别真与假，因为我希望我能在行动中心明眼亮，满怀信心地前行。

这是真的，即当我考虑别人的风俗习惯时，我不能在里面找到固定的信仰；我见到风俗习惯存在不同，正如我以前见到哲学家的意见存在不同。因为他们的研究我获得很多教益，我知道有许多事虽在我们看来很奇怪与可笑，而在别的伟大民族中不仅被接受而且受赞扬。因此我渐渐脱离错误。但是在我用几年工夫研究世界这本大书以后，我获得了许多经验，于是我决心以我自己为研究的目的，并用全力选择我所要走的道路。这与我未出国门与未离书本时相比较，在我看来，已有较大的成功。

## 第 2 章　方法的主要规则

我曾在德国，因为战争尚未完结，[①]所以我被牵绊住了。等到皇帝的加冕礼过了[②]，我就很快回来加入军队，

---

① 指三十年战争。——译者注
② 即斐迪南（Ferdinand）二世的加冕礼，时在 1619 年。——译者注

因为冬天开始来了,我被羁留在一个地方,在这个地方无任何社会的交际来烦扰我,并且更幸福的是,也无任何情感与开心的事来扰乱我,所以我能终日独自关闭在一间小房子里面,坐在火炉旁边,从事我自己的思想工作。我考虑的第一件事是一个几部分合成的工作,它出自各种不同的人的手,其完全程度当然不及出自一个人的手所完成的工作。

例如一所房子是由一个工程师计划与指挥造成的,一定比利用旧墙加以改造的来得更为美丽与坚固,因为旧墙有另外一个目的。又如许多古代的城市,在最初仅为村落,经过很长的时间,就渐渐变为大的城市,这种城市的构造,与由一个工程师按照他自己的思想实行他制订的计划去建造一个城市相比,一定差得很远。并且要将这两个城市的建筑分开来看,为一个人所建造的一定比那旧有的表现出更多的美丽与精巧,并且那旧有的城市,房屋一定是大大小小,不能齐一,因此街道也一定是弯弯曲曲、毫无规则的,与其说这个局面是由运用理性的人的意志造成的,不如说是听天由命。如果考虑到这一点,那我们就容易明白,单靠加工别人的作品而能达到满意是如何困难。因此我想象那些由半野蛮渐渐变成文明的人民,仅因为感到犯罪与争夺会造成麻烦而制定法律,这绝不能建立一个很好的制度,比不上那些一结成社会就尊奉某个贤明立法者设立的法度的民族。[1]　因此亦可以确定受上帝一个人命令而成之真正宗教的制度一定比别的由多数人所成的好得多了。

　　再说到人事,我相信如斯巴达在古代非常强盛,这并不是因为每一个人有完全的道德,社会有健全的法律——在斯巴达有许多很奇怪的事,并有许多风俗与道德相悖——而是因为全部法律是由一个人制定的,并且是趋向于一个相同的目的的。同样地,我以为在书本中的学问,至少是那些不定的推理与无证明的学问,就是由许多人的不同意见渐渐集合起来的,故不能像一个具有常识的普通人对于眼前事物自然地做出的推理那样接近真理。又,我以为因为我们在成年以前

---

　　[1]　笛卡儿这种学说并不是完全无错误。历史与经验证明,好的制度不见得就是由一个立法者的头脑里来的。如英国的宪法为许多人所颂扬,但是英国的宪法也是由环境的影响与压迫渐渐形成的。笛氏此种学说到 18 世纪为卢梭应用到政治上去,即成了大革命。——译者注

都是儿童,且很长时间以来都受我们的情欲与师长的支配(这些师长的观点常常彼此互相矛盾,没有一个人或者能给我们以最好的劝告),所以我们的判断绝不能如此完备与坚固;假使我们自生下来就能完全运用我们的理性,且只为理性所引导,那我们的判断一定不像现在这样。

诚然,没有一个城市只是因为要把房屋另换一种形式,或使街道更为美观,就将所有的房屋都拆毁;但是,有许多人因为要改造他们的房屋而拆毁他们的旧房屋,并且有时当房屋本身有倒塌的危险,房基不稳固的时候,势必要拆毁。由这个例子可以知道有私人主张,若要改造一个国家使之返于正轨,应当改变一切,彻底推翻。这似乎是妄想。将所有学问以及学校中所设立之课程加以完全改造,此或亦不可能。但是,关于我以前所相信的一切意见,我想我当努力将它们完全扫除出去,所以这些意见后来为较好的意见或相似的意见所代替,直至我使它们合于理性的标准为止。并且,与建筑在旧的基础上,依据我青年时未加以思索而听信的原则相比较,我坚信用此方法我能使我的生活更好。虽然我承认如此做有许多困难,然而并不是不能战胜这种困难。至于那些大体制,在一次崩溃以后就很难使之再恢复起来,或一次完全动摇以后亦难再使之保持原状,并且它们的崩溃亦极为猛烈。至于它们所具有的缺点(从它们的复杂性看来,我们知道在许多情形中,这些缺点是一定会存在的),好习惯无疑能使它们的缺点相对减少,并能帮助我们免除或无意中改正许多缺点,这许多缺点非先见所能预防。最后,较之于除去缺点的方法,我们还常常更能忍受这些缺点的存在。这正如山中的道路,因为常常有人走,遂渐渐变成平坦的大路,人宁愿走这种路,也不愿攀山越岭去走捷径。

这就是为什么无论如何我不能赞成那种浮躁乱动、总是希望改革的精神,它们既不是生来就有的,也不能对管理公共事务有益。假使在这本书中有一点被人疑惑是为这种愚蠢行为辩护,那我这本书真不应该出版。我的计划只是想改造我自己的思想,并且建立一个完全属于我自己的基础。尽管我对我的工作相当满意,但我此处所呈现的草稿,并非想要劝任何人来模仿。那些受上帝特别恩惠的人或许能有更高尚的计划,但是对于很多人来说,我很担心我的这种计划已太过冒险了。单就决心扫除一切以前所接受的意见而言,这并不是一个人人都应当跟着学的好例子。世界大致可以说是由两种人构成的,二者都不宜效仿这种做法。第一种是那些相信自己是很聪敏的人,他们一定不能完全避免做出过于仓促的判断,也无耐心整理他们的思想使之合于正当秩序。所以像这种人如果可以自由地怀疑他以前所接受的原则,再受歧途的迷惑,那他永远不能顺着必经的大道达到预定的目的,并且他一生必完全徘徊于迷途中。第二种是那些有理性或很谦虚的人,他们认为自己分辨真假的能力不及曾经教授过他们的人而向那些人学习,既然如此,他们应当满足于服从教授者的意见,不必再由他们自己寻找更好的意见。

至于我自己,如果我一直以来只有一个教师或者从不知道自古以来学者们便存在着不同意见,那我当然属于第二种。我在学校读书的时代就已经知道,我们能够想象出来的任何一种意见,不管多么古怪离奇,多么令人难以相信,都有某个哲学家已经说过。在我游历的时候,我更承认凡与我们的意见冲突的人未必就是野蛮的人，或者比我们具有更多的理性。同一个人，并有相同的心灵，如自儿童时起即养育在法国或德国，较之他一生是在野蛮人中生活，一定有极大的不同。我也注意到，如一个人衣服的样式在十年前或者为我们所喜欢，再过十年或者我们仍能喜欢，但在现在我们会以为极不合时宜而且可笑。因此可知，影响我们最深的是风俗习惯，而不是任何确定的知识。然而，虽如此说，多数人赞成的并不意味着就是深奥的真理，这种真理多半是由一个人发现的，并非由大众发现的。所以我不能选择任何人来指导我，每个人的意见在我看来都并不比别人的更可取，因而我觉得我必须自己指导自己。

但是我好像是一个人孤单地走着，在黑暗中走着，我决定慢慢地走，并用全力注意一切的事物，即使我只向前走了一点点，至少我能保证不至于倾倒。我并不想一开始就完全扫除以前钻入我信仰中的任何意见、未经过理性指引而潜入内心的意见，我宁愿先用很多的时间计划我所要从事的工作，并寻找真正的方法以使我的心灵在可能范围内认识一切事物。

在我幼年的时候，在哲学方面我曾研究过逻辑学，

在数学方面学过几何学分析与代数，这三种学问（或称
之为科学亦可）对于我的计划亦有所帮助。但是，对它
们细加考察后，我看到在逻辑学方面，三段论式与别的
一大部分法则，只能解释人已知的东西[1]［正如鲁尔[2]的
《艺术》说对于不知道的东西无判断］，而不能让人知道
新的东西。虽然逻辑学也含有很多正确的与好的方法，
但同时也混杂有不少有害的或肤浅的方法，要想将这两
种截然分开颇为困难，正如一块未经雕刻的大理石要分
出里面的条纹与脉络，是一样的困难。至于古代的几何
学分析与近代的代数，除了它们只是含有最抽象的材料
与似乎最无用以外，前者局限于符号的研究，要是没有
丰富的想象力是很不容易了解的；后者则服从于规则与
公式，结果造出一种很难明白的艺术，使心灵发生阻碍，
而不能成为培养心灵的科学。因此我觉得一定要寻找
别的方法，这种方法要含有前面所述的三种学问的益
处，而去除它们的缺点。有时公律过多反能容罪恶横

---

[1]　亚里士多德式的逻辑学只是告诉我们如何由普遍实在推知个别
实在，而不能教我们发现新的思想。——译者注

[2]　鲁尔(Raymond Lulle)，西班牙经院哲学家、神学家。——编辑注

行,正如一个国家的法律虽少,苟能严格遵守,较之于多而不能遵守,一定管理好得多。所以我与其采取构造逻辑学的许多规律,还不如就找出下面的四条规则,假使我有坚定的决心遵守,就是这四条也足够了。

第一规则,无论任何事在我未明白认识以前,绝不能把它当作真的而接受。这就是说,要很小心地避免判断中的仓促与偏见,只能接受在我们心灵中表现极清楚明白而使我们再不能怀疑的判断。

第二规则,将我在很多方面遇到的每个难题尽量分成若干部分,以便能获得最好的解决。

第三规则,顺着次序进行思考,由最简单的与最容易认识的事物起始,渐渐获得最复杂的知识;即使是那些本没有先后关系的事物,也给它们设定次序。

第四规则,在一切情形中考察得愈全面愈好,观察得愈普遍愈好,不要遗留一点。

我看到,几何学中总是用一长串简单容易的推理来完成最困难的证明,这使我想到,我们所能认识到的一切事物,也都像这样一个连着一个;如果我们不把假的当作真的,并且遵循事物的必然次序,由此达于彼,那没有什么东西远到不能使人达到,也没有什么东西隐蔽到不能使人发现。究竟必须由哪一种事物起始,这在我并没有什么困难,因为我已经知道是由最简单与最容易知道的事物起始。古今一切寻求真理的科学家中,只有数学家能够找出些证明,换言之,能够找出些确定与明白的推理,我毫不迟疑地用此相同的方法去研究,同时我也不希望有任何其他的好处,只希望我的心灵为真理所滋养成为习惯,而对于伪的推理不满意。

我毫无意思想了解一切号称是数学的特殊学问;我知道它们的研究对象虽不同,但是在这一点上是相同的,即它们所研究的只是表现在这些对象中的各种关系或比例。所以只在一般的方面来研究这些关系或比例,我想这样比较好些,而不假定到某种对象上,除非它能让我们格外容易地了解知识。我也不局限于某种对象,因为这样我就能应用到其他的一切对象。因为要很小心地认识这些比例,所以有时我必须个别地逐一加以研究,有时我仅须记在心里,或者将它们聚在一块。为了能详细地研究它们,我想应当把它们假定为线的关系,因为我再不能找到比这个更简单、更清楚地呈现在我的印象与感觉中的方法。另外,为了能记住它们,或能了解它们的全体,我必须还要借几个公式来解释它们,不过这些公式是愈短愈好。用这个办法①,我必须借用几何学分析与代数中最好的方法,借以改正彼此的错误。

---

① 即笛卡儿所建立的解析几何。——译者注

# 下　篇

## 学习资源

### Learning Resources

扩展阅读

数字课程

思考题

阅读笔记

# 扩展阅读

书　名:几何原本

作　者:[古希腊]欧几里得　著

译　者:程晓亮 车明刚 凌复华　译

出版社:北京大学出版社

## 目录

第五卷

第六卷

第七卷

第八卷

第九卷(上)

第九卷(下)

第十卷

第十一卷

第十二卷(上)

第十二卷(下)

# 数字课程

请扫描"科学元典"微信公众号二维码，收听音频。

# 思考题

1. 笛卡儿一生是怎样度过的？他的一生与他的社会文化环境有什么关系？

2. 笛卡儿从童年时代开始养成的贯穿他一生的习惯是什么？这种习惯对他的科学和数学研究有什么影响？

3. 欧几里得《几何原本》有什么特色,笛卡儿对这部名著的态度如何？

4.《笛卡儿几何》中用到直角坐标了吗？如果没有,那用到的是什么坐标呢？

5. 什么是帕普斯问题,它对笛卡儿创立解析几何起到了
   什么作用?

6. 解析几何的核心概念是什么? 是单位线段、代数方
   程、几何曲线,还是平面坐标系?

7. 笛卡儿的光学研究和数学创造之间有什么关联?

8. 笛卡儿的哲学思考与他的数学研究之间有什么关系?

9. 笛卡儿几何对后来数学的发展,特别是微积分的创
   立,起到了什么作用?

10. 阅读《笛卡儿几何》对你学习数学有什么启发和
    帮助?

# 阅读笔记

# 科学元典丛书

## 已出书目